例題で学ぶ
論理回路設計
LOGIC CIRCUITS DESIGN
by examples

富川武彦 著

森北出版株式会社

● 本書のサポート情報を当社Webサイトに掲載する場合があります．下記のURLにアクセスし，サポートの案内をご覧ください．

https://www.morikita.co.jp/support/

● 本書の内容に関するご質問は，森北出版 出版部「(書名を明記)」係宛に書面にて，もしくは下記のe-mailアドレスまでお願いします．なお，電話でのご質問には応じかねますので，あらかじめご了承ください．

editor@morikita.co.jp

● 本書により得られた情報の使用から生じるいかなる損害についても，当社および本書の著者は責任を負わないものとします．

■ 本書に記載している製品名，商標および登録商標は，各権利者に帰属します．

■ 本書を無断で複写複製（電子化を含む）することは，著作権法上での例外を除き，禁じられています．複写される場合は，そのつど事前に(一社)出版者著作権管理機構（電話03-5244-5088, FAX03-5244-5089, e-mail:info@jcopy.or.jp）の許諾を得てください．また本書を代行業者等の第三者に依頼してスキャンやデジタル化することは，たとえ個人や家庭内での利用であっても一切認められておりません．

まえがき

　{0, 1} の組合せで電子計算機の機能をすべて表現できるか？　NOR 回路のみで計算機が設計できるか？　これらの問いに対して "Yes" と答えてよい．ただし，原理的な考え方としてであり，実用上の種々な問題は別である．基本となる機械そのものがあり，用途に応じてその機械を操れるプログラム，すなわち命令群を付加するシステムを考えると，柔軟性をもった処理系が実現できるであろう．その結果，算術演算を自動的に行うという発想から，数値に置換した文字を演算の対象とした用途へと進展することは自然であろう．計算機の分野は，装置そのものを扱うハードウェア (hardware) とプログラムを扱うソフトウェア (software)，およびそれらの間に介在するファームウェア (firmware) とに分かれる．さて，論理回路に基づく論理設計とはどのような位置づけにあるかを，次の比較をすることでその輪郭を考えよう．すなわち，自動制御は制御目標や制御対象を主体に基本的にはアナログ量として扱い，オートマトンは自動機械の理念としてシステム全体をディジタル量として扱うという見方がある．後者のモデルは記憶を含む論理回路からなり，仮想の自動機械から機能を抽象化して体系づけたものである．一方，論理設計は自動機械を実現させるための制御部分と記憶部分の回路構成を具体化させる手段である．したがって，目的とする機能を達成する論理素子の集合がいかに組み合わされるべきかを学問として捉える必要性がここにある．

　山登りは山頂に立つことだけでなく，頂上に向かう過程を味わうことにあるといわれる．同様に，本書の利用者は論理設計を道具立てて回路の具体化を計ることだけでなく，論理設計を行う過程を味わうことにあるともいえる．本書はハードウェアに重きをおいた基本的な論理回路および論理設計の知識に関する内容であり，論理回路の講義ノートとその演習問題を一つにまとめたものである．なお，筆者自身が知識の詰め込みを苦手としているため本書は，

- 「こうなるはず」といった記述を避けて「なぜこうなる」の部分に重きをおいた，
- 継続的な長文の説明を避けて，例題を介した区分説明の記述方法をとってい

る，

・ディジタル回路を応用させる場合に重要と思われる同期型順序回路の設計編に頁数を割いた，

などの特徴をもっている．道理を重視した反面，一部でまわりくどく感じる記述になってしまったことをお詫びする．

　本書は，前半の記述が記憶なしの組合せ論理回路に主眼をおき，コンピュータを利用した回路の自動設計を行いやすい構成となっている．この種のテーマはある命題を解く数学の解法とは異なる要素をもち，求める解が唯一とは限らない場合も多々ある．その結果，得られた複数の解において何をもって最良とみなすかを読者自身が考慮する必要があろう．また，後半の記述は，記憶を伴った論理回路の設計に主眼をおいてあり，時系列信号の概念を取り扱う点で前半の内容とは大きく異なる．状態遷移の考え方は，「オートマン」，「情報理論」，「グラフ理論」などと共通している部分もあり，回路設計の手順が画一的に決定し難い内容も多く含まれている．机上の考え方以外に，経験を通して種々のノイズ成分を含んだ入出力の応答を実感することも理解を深める上で必要であろう．全体を通して，離散系の論理設計を行うための基本的な知識を網羅してあるため，工科系大学生の教科書としてなじみやすい内容であると思われる．

　本書をまとめるにあたり参考にしたさまざまな文献の著者および出版社に対して謝意を表します．また，今回の出版にさいして多大なる助言をして下さった森北出版の石田昇司氏に深謝します．

　なお，筆者自身の未熟さに起因した誤りまたは訂正がある場合は，下記のアドレスにその旨を指摘して頂ければ幸いです．

　　　　e-mail：tomikawa@ic.kanagawa-it.ac.jp

　　　　－コタキナバル（Borneo 島）の民宿にて草案を記す　（August, 1997）－
　　　　－バンガロール（南 India）の民宿にて加筆修正を行う（August, 1999）－

富川記

目　次

1章　数値表現 ･･･1
 1.1　2進数と多進数 ････････････････････････････････････1
 1.2　進数変換 ･･2
  1.2.1　整数変換の場合　2
  1.2.2　小数変換の場合　5
 1.3　算術演算 ･･7
 1.4　補数演算 ･･9
 1.5　固定小数点方式 ･･････････････････････････････････11
  1.5.1　乗・除算演算　12
 1.6　その他 ･･13
  1.6.1　2進化10進符号　14
  1.6.2　グレイ符号　14

2章　論理演算 ･･16
 2.1　集合演算 ･･･････････････････････････････････････16
 2.2　基本演算 ･･･････････････････････････････････････17
 2.3　スイッチ回路 ･･･････････････････････････････････19
 2.4　グラフ表現 ･････････････････････････････････････23
 2.5　ド・モルガンの定理 ･････････････････････････････25
 2.6　NOR/NANDによる代替 ･･･････････････････････････27
 2.7　双対性 ･･･28
 2.8　ブール代数 ･････････････････････････････････････30
 2.9　加/減算器 ･･････････････････････････････････････34
  2.9.1　半加算器　35
  2.9.2　全加算器　35
  2.9.3　半減算器　36
  2.9.4　全減算器　37

3章　組合せ論理回路 ……………………………………………… 40

3.1　主加法/主乗法表現 ……………………………………… 40
3.1.1　主加法標準形　40
3.1.2　主乗法標準形　42
3.1.3　標準形と論理関数　45
3.2　等価な組合せ回路 ……………………………………… 46
3.3　AND-OR 回路 …………………………………………… 48
3.4　カルノー図 ……………………………………………… 51
3.4.1　2変数のカルノー図　51
3.4.2　3/4変数のカルノー図　53
3.4.3　カルノー図の適用　58
3.4.4　ドントケア　64
3.4.5　5変数以上のカルノー図　67
3.5　クワイン・マクラスキー法 …………………………… 68
3.6　その他 …………………………………………………… 71
3.6.1　デコーダ　71
3.6.2　エンコーダ　72
3.6.3　マルチプレクサ　74
3.6.4　デ・マルチプレクサ　75

4章　フリップフロップ …………………………………………… 76

4.1　SR-FF ……………………………………………………… 76
4.1.1　NOR 素子2個による SR-FF　77
4.1.2　NAND 素子2個による SR-FF　79
4.1.3　セット優先 SR-FF　83
4.2　状態遷移表のレイアウト ………………………………… 83
4.3　マスタースレーブ型 SR-FF ……………………………… 85
4.4　JK-FF ……………………………………………………… 87
4.5　マスタースレーブ型 JK-FF ……………………………… 89
4.6　各種フリップフロップ …………………………………… 91
4.6.1　T-FF　91
4.6.2　D-FF　93

4.7　その他 ……………………………………………………………… 95

5 章　順序回路— I …………………………………………………… 97
5.1　非同期式カウンタ ………………………………………………… 97
5.1.1　非同期式カウンタ各種　99
5.2　準同期式カウンタ ………………………………………………… 102
5.2.1　遅延時間の影響　103
5.2.2　準同期式 8 進カウンタ　104
5.2.3　準同期式 3 進カウンタ　106
5.2.4　同期のタイミング　107

6 章　順序回路— II ………………………………………………… 109
6.1　動作方程式 …………………………………………………………… 109
6.2　同期式 2^n 進カウンタ ……………………………………………… 110
6.2.1　4 進カウンタ　110
6.2.2　8 進カウンタ　111
6.3　係数比較に基づく順序回路の設計法 ……………………………… 112
6.3.1　4 進アップカウンタ　112
6.3.2　他の同期式カウンタ例　114
6.4　状態遷移表に基づく順序回路の設計法 …………………………… 117
6.4.1　状態遷移表の作成　117
6.4.2　設計手順　120
6.4.3　3 進カウンタの例　122
6.4.4　他のカウンタ例　127

7 章　順序回路— III ………………………………………………… 131
7.1　自動機械 ……………………………………………………………… 131
7.1.1　ミーリー型とムーア型　131
7.1.2　2 状態オートマトン　134
7.1.3　3 状態以上のオートマトン　138
7.2　種々の応用例 ………………………………………………………… 140
7.2.1　自動販売機　140

  7.2.2　時系列信号　144
 7.3　その他 …………………………………………………… 147
  7.3.1　レジスタ/直並列変換/並直列変換　147

付　録 …………………………………………………………… 150
 A.1　用語の説明　151
  ・エッジトリガ　151
  ・正論理/負論理　151
  ・チューリングマシン　152
  ・プログラマブル・ロジックアレイ　154
  ・有限オートマトン　154
  ・ワイヤードOR　155
  ・ファンアウト　155
  ・不確定性論理　156
  ・マルコフ情報源　156

参考文献 ………………………………………………………… 159
索　引 …………………………………………………………… 161

1章　数値表現

　一般に「論理学」とは，「もし…であれば…である」という形式を基本にしている．要望するシステムの動作がこの形式に集約できれば，種々の条件に応じた判断能力をもつ自動機械への足掛かりとなるだろう．本書は，数学的な背景から自動機械に至るまでを「論理回路設計」と題して記述している．まず始めに，数値をいかに表現すればよいかについて考える．

1.1　2進数と多進数

　「論理」(logic)または「命題」(proposition)とは，ある事柄を記述した「文章」において，その内容が「真」(true)か「偽」(false)かに定まるものをいう．これは，数値に置き換えると2進数$\{0, 1\}$の世界になる．

　人間は手の指が10本ある関係で10進(decimal)数ができたといわれている．実際には，1分=60秒から60進法，1ダース=12本から12進法など，さまざまな数の単位系が存在し，トランジスタのON/OFF動作に対応した2進法が脚光を浴びた．$2=(10)_2$，$8=(1000)_2$，$16=(10000)_2$，…のように2^n系は2進(binary)，8進(octal)，16進(hexadecimal)となり数の基点が同類に属する．ここで，$( )_2$は$( )$内が2進数であることを意味する．コンピュータが何進数を採用すべきかの問いに対して，物理的な制約からくるさまざまの要因が考えられる．

　例題 1.1　コンピュータを設計する場合の経済性から考えて，数系に何進数を用いた方がよいかを答えよ．ヒント：r進数1桁を記憶するためにr個の素子を必要とすれば，r進数k桁を表すために必要とする素子数Lは$(L=k\cdot r)$と表せる．一方，r進数k桁で表し得る数値パターンの組合せ数Mは$(M=r^k)$と表せる．

　解　まず，題意の指数表現を$(k=\log_e M/\log_e r)$と書き改めて，2式を連立(kを削除)させれば$(L=r\cdot \log_e M/\log_e r)$を得る．$L$が最小で済むための$r$値は，$L$を

微分して，
$$dL/dr = \log_e M(1 \cdot \log_e r - r/r)/(\log_e r)^2 = 0$$
から得られる．その結果，$\log_e r = 1 \to r = e \fallingdotseq 2.7$ となり，素子数で約2.7進数が最も少なくてすむことになる．　　　　　　　　　　　　　　　　　　　　　　　　　[終]

ディジタル回路の数値表現は，例題1.1の結果から2進数よりむしろ3進(ternary)数の方が効率的であると考えられる．ただし，物理的な論理素子の信号対雑音比を考慮すると，現在は2進数の方が支配的であるが，3進数を基本としたコンピュータの可能性も否定できない．3進数以上の論理を多値論理(付録：不確定性論理)とよび，一般に，多値論理に基づく演算の定義は次のようになる．2進数と異なり，変数 X（または Y）の時，$X \cdot \bar{X} = 0$ や $X + \bar{X} = 1$ は成立しない場合がある点に注意を要する（$\bar{\cdot}$ は・の否定を意味する）．すなわち，t 進数の演算において次の関係がある．

$$\begin{cases} 否定 & \bar{X} \equiv (t-1) - X \\ 和集合 & X \cup Y \equiv \max\{X, Y\} \\ 積集合 & X \cap Y \equiv \min\{X, Y\} \end{cases}$$

たとえば，$t=3$，$X=1$，$Y=2$ の時，$\bar{X}=1$，$\bar{Y}=0$，$X \cup Y=2$，$X \cap Y=1$ となる．なお，本文中で用いられる用語の「ビット」(bit ; binary digit)とは，2進数表示の1桁分を意味する．

1.2 進数変換

2進数，8進数，16進数などにおける数値相互の変換をどのようにすればよいかを考える．まず，下記に小数点を含んだ具体例を示すと，

$$(0.1)_2 = (0.4)_8 = (0.5)_{10} = (0.8)_{16}$$
$$(0.001)_2 = (0.1)_8 = (0.125)_{10} = (0.2)_{16}$$
$$(0.0001)_2 = (0.04)_8 = (0.0625)_{10} = (0.1)_{16}$$

となる．ただし，$(\ )_r$ は $(\ )$ 内が r 進数であることを意味する．以下に，数値の整数部分と小数部分とに分けた相互変換の仕組みを述べる．

1.2.1 整数変換の場合

一般に整数 $n+1$ 桁および小数 m 桁の r 進数は，各桁の係数を $k_n \sim k_0 \sim$

k_{-m} として表示すると，

$$Y = (k_n k_{n-1} \cdots k_0 k_{-1} \cdots k_{-m})_r$$
$$= k_n \cdot r^n + k_{n-1} \cdot r^{n-1} + \cdots + k_0 \cdot r^0 + k_{-1} \cdot r^{-1} + \cdots + k_{-m} \cdot r^{-m}$$

のように書くことができる．ここで，整数部を Y_a，小数部を Y_b とすれば，

$$Y_a = k_n \cdot r^n + \cdots + k_0 \cdot r^0$$
$$Y_b = k_{-1} \cdot r^{-1} + \cdots + k_{-m} \cdot r^{-m}$$

であり，$r=2$ の場合は，

$$Y_a = k_n \cdot 2^n + \cdots + k_0 \cdot 2^0$$
$$Y_b = k_{-1} \cdot 2^{-1} + \cdots + k_{-m} \cdot 2^{-m}$$

となる．以下，整数部のみに着目して2進数への変換を考える．まず，Y_a の右辺から係数を抽出するために2で割る一回目の操作を行う．すなわち，

$$Y_a/2 = (k_n \cdot 2^{n-1} + \cdots + k_1 \cdot 2^0) \text{ 余り } k_0$$

を得る．次に，( ) 内を $Y_{a'}$ とおいて同様な操作を行うと，

$$Y_{a'}/2 = (k_n \cdot 2^{n-2} + \cdots + k_2 \cdot 2^0) \text{ 余り } k_1$$

となり，順次2で割った余りを抽出すれば，それらが求める係数 $k_0, k_1, \cdots, k_n$ となる．ここで，各係数 $k_0, k_1, \cdots, k_n$ が上位桁からではなく，下位桁から順次求まっていくことに注意しよう．なお，この類推として 8, 16 進数の変換も同様な手順で行うことができる．

例題 1.2 10進数の 50 を 2進数へ変換せよ．

解
```
2) 50   余り
2) 25    0   k_0
2) 12    1   k_1
2)  6    0   k_2
2)  3    0   k_3
2)  1    1   k_4
    0    1   k_5
```
2で割った商と余りが下方へ進行する様子がわかる．商が 0 となった時点で終了する．

$(110010)_2$ ［終］

例題 1.3 10進数の 50 を 8進数および 16進数へ変換せよ．

解
```
8) 50   余り
8)  6    2   k_0      8進数への変換
    0    6   k_1         (62)_8

16) 50  余り
16)  3   2   k_0      16進数への変換
     0   3   k_1         (32)_{16}
```
［終］

次に，任意の進数へ変換する場合を述べるが，基本的には上記変換の類推として行うことができる．まず，2進数から10進数へ変換する演算例を以下に示す．2進数の被変換数を基数 $r=(1010)_2$ で除した除算の余りとして係数を求めることができる．たとえば，$(11001)_2 \to (25)_{10}$ の変換を行うには，被変換数の全体から除算の結果として商と余り（係数）が得られる．次に，その商を取り出して同様の除算を行うと次の商と余り（係数）が得られる．これを商がなくなるまで繰り返せばよい．

その結果，$(k_1k_0)=(25)_{10}$ を得る．

$$
\begin{array}{r}
10 \\
1010\overline{)11001} \\
\underline{1010} \\
101 \quad (k_0=5)
\end{array}
\qquad
\begin{array}{r}
0 \\
1010\overline{)10} \quad (k_1=2)
\end{array}
$$

例題 1.4 $(1011)_2$ を3進数へ変換せよ．

解 最初の除算で商$=(11)_2$ と余り $(10)_2$ を得る．次に，得られた商$=(11)_2$ の除算を再び行って商$=(1)_2$ と余り $(0)_2$ を得る．最後に，商$=(1)_2$ を除算して終了する．その結果，$(k_2k_1k_0)=(102)_3$ となる．

$$
\begin{array}{r}
11 \\
11\overline{)1011} \\
\underline{11} \\
101 \\
\underline{11} \\
10 \quad (k_0=2)
\end{array}
\qquad
\begin{array}{r}
1 \\
11\overline{)11} \\
\underline{11} \\
0 \quad (k_1=0)
\end{array}
\qquad
\begin{array}{r}
0 \\
11\overline{)1} \\
\underline{0} \\
1 \quad (k_2=1)
\end{array}
$$

[終]

ここで，2^n 進数から10進数へ変換する別の手順について述べる．Y_a の展開式は，(係数)*(桁の重み) をすべての桁について加え合わせたものとして表現できる．

たとえば，$(11001)_2 \to (\ )_{10}$ の演算は，

$$1 \cdot 2^4 + 1 \cdot 2^3 + 1 \cdot 2^0 = 25$$

のように簡易な算出方法で変換することができる．同様に，$(123)_8 \to (\ )_{10}$ の変換は次のようになる．

$$1 \cdot 8^2 + 2 \cdot 8^1 + 3 \cdot 8^0 = 83$$

例題 1.5 次の進数において指定された基数へ変換せよ．
(a) 16 進数の $(ABC)_{16}$ を 10 進数に変換せよ．
(b) 10 進数の $(119)_{10}$ を 3 進数および 12 進数に変換せよ．

解
(a) $A \times 16^2 + B \times 16^1 + C \times 16^0 = 10 \times 16^2 + 11 \times 16^1 + 12 = 2748$
(b) $(11102)_3$，および $(9X)_{12}$，ただし $(X)_{12} = (11)_{10}$ の意味とする． ［終］

例題 1.6 次の進数において指定された基数へ変換せよ．
(a) $(001110101011)_2 \to (\ )_8$ (b) $(001110101011)_2 \to (\ )_{10}$
(c) $(001110101011)_2 \to (\ )_{16}$ (d) $(109)_{10} \to (\ )_2$
(e) $(109)_{10} \to (\ )_8$ (f) $(109)_{10} \to (\ )_{16}$
(g) $(257)_8 \to (\ )_2$ (h) $(257)_8 \to (\ )_{10}$
(i) $(257)_8 \to (\ )_{16}$ (j) $(E3D)_{16} \to (\ )_2$
(k) $(E3D)_{16} \to (\ )_8$ (l) $(E3D)_{16} \to (\ )_{10}$

解 (a) $(1653)_8$ (b) $(939)_{10}$ (c) $(3AB)_{16}$ (d) $(1101101)_2$
(e) $(155)_8$ (f) $(6D)_{16}$ (g) $(10101111)_2$ (h) $(175)_{10}$
(i) $(AF)_{16}$ (j) $(111000111101)_2$ (k) $(7075)_8$ (l) $(3645)_{10}$ ［終］

1.2.2 小数変換の場合

先に整数の数値変換について述べたが，関連事項としてここでは小数を含んだ数値変換について説明する．改めて数値の表現を次のように記述する．

$$k_n \cdot 2^n + \cdots + k_1 \cdot 2^1 + k_0 \cdot 2^0 + k_{-1} \cdot 2^{-1} + \cdots + k_{-m} \cdot 2^{-m}$$

この表記において，2 進数の小数部分はゼロより右側に記述する部分であり，桁位置を指す 2 の指数部の符号が負になっている項すべてである．そこで，小数部分を Y_b として両辺を 2 倍すると，

$$Y_b = k_{-1} \cdot 2^{-1} + k_{-2} \cdot 2^{-2} + \cdots + k_{-m} \cdot 2^{-m}$$
$$2Y_b = k_{-1} + (k_{-2} \cdot 2^{-1} + \cdots + k_{-m} \cdot 2^{-m+1})$$

となる．したがって，Y_b に 2 を乗じて整数化した係数が k_{-1} となり，それを取り出せばよいことになる．続いて，残りの ( ) 内を $Y_{b'}$ として再び両辺に 2 を乗じた整数部が k_{-2} となり，それを取り出せばよい．すなわち，

$$Y_{b'} = k_{-2} \cdot 2^{-1} + k_{-3} \cdot 2^{-2} + \cdots + k_{-m} \cdot 2^{-m+1}$$
$$2Y_{b'} = k_{-2} + (k_{-3} \cdot 2^{-1} + \cdots + k_{-m} \cdot 2^{-m+2})$$

以下，同様の操作を順次繰り返す．なお，整数部においては $k_0, k_1, \cdots$ の順に最下位桁から算出されるが，小数部においては $k_{-1}, k_{-2}, \cdots$ のように最上位桁から算出される点に注意する必要がある．

小数変換の具体例として，$(13.625)_{10} \to (\quad)_2$ の場合，整数部と小数部とを独立させて変換する．整数部はすでに述べた手法から $(13)_{10} = (1101)_2$ となり，小数部は次のように $(0.625)_{10} = (.101)_2$ となる．その結果，$(1101.101)_2$ を得る．

```
   0.625              0.25               0.5
×)     2          ×)     2           ×)    2
  1.250  (k_{-1}=1)   0.50  (k_{-2}=0)    1.0  (k_{-3}=1)
```

また，$(0.1)_{10} \to (\quad)_2$ の場合，上記と同様な手順を経て算出した結果，$(.00011001100\cdots)_2$ となって無限小数 $(.0001\dot{1}00\dot{1}$ ； ドット間を繰り返す) となり，10 進数の 0.1 に相当する正確な 2 進数が存在しない．変換過程において有限個の桁数で処理できない数値は，対応する変換値が存在しないことを意味する．したがって，10 進数の 0.1, 0.2, 0.3 などをコンピュータで扱っても極めて正確な演算をすることが不可能となり，現実には切捨てや桁上げなどの処理で済ませている．総じて，整数部と小数部の両方を含む数値の変換を行う場合は，それぞれの部分を個別に処理して，それらの結果を再び併合すればよいことになる．なお，小数部の 2 進数から 10 進数への変換を行う場合は，1.2 節における整数変換を行った時の類推として対処することができる．

例題 1.7 下記に示すような小数点を含む数値の変換をせよ．
(a) $(35.8)_{10} \to (\quad)_2$　　　　(b) $(0.9375)_{10} \to (\quad)_8$
(c) $(0.431)_{10} \to (\quad)_{16}$　　　(d) $(0.FF)_{16} \to (\quad)_8$

解 (a) $(100011.\dot{1}10\dot{0})_2$　(b) $(0.74)_8$　(c) $(0.6E5\cdots)_{16}$　(d) $(0.776)_8$
［終］

例題 1.8 小数 $(.11)_2$ を 8 進数，および，小数 $(.101)_2$ を 3 進数に変換せよ．

[解] $(.11)_2 \to (\ )_8$ の変換では，ヒントに示すように 2 進数の $8=(1000)_2$ で乗じた整数部分を取り出すと $(.6)_8$ が得られる．ただし，この場合は 2^n 進数どうしの変換であるから，$(.110)_2 \to (.6)_8$ のように 3 ビット単位に 8 進数へ置き換える方が簡単であろう．次に，3 進数への変換において 2 進数の $3=(11)_2$ で乗じた整数部分を取り出すと $(.1\dot{2})_3$ が得られる．なお，$(.101)_2 \to (\ )_3$ の変換について，$(.101)_2 \to (.625)_{10} \to (\ )_3$ のように，いったん 10 進数へ直してからさらに 3 進数へ変換しても，$(k_{-1}, k_{-2}, \cdots) = (.1\dot{2})_3$ が得られる．

[ヒント]

```
         .11
    ×) 1000
     110.00        … k₋₁=(110)₂=(6)₈
    ×) 1000
          0

        .101
     ×)   11
        101
       101
      1.111         … k₋₁=(1)₂=(1)₃
     ×)   11
        111
       111
      10.101        … k₋₂=(10)₂=(2)₃
         ⋮
```
[終]

1.3 算術演算

以下に，2^n 進数（2，8，16 進数）による加減乗除の算術演算を考える．

(1) 加算 1 桁どうしの加算において，下位桁からの桁上げを含めた $(1+1+0)_2$，$(1+0+1)_2$ や $(1+1+1)_2$ を行うさいに上位への桁上げが起こる．ここで，( )$_2$ 内の第 3 項は下位からの桁上げ分である．

例題 1.9 各種の基数表現における算術加算をせよ．
(a) $(00111111)_2 + (01001001)_2 \to (\ )_2$
(b) $(01100100)_2 + (11001000)_2 \to (\ )_2$
(c) $(724)_8 + (516)_8 \to (\ )_8$
(d) $(7A1)_{16} + (4D5)_{16} \to (\ )_{16}$

[解] (a) $(10001000)_2$　(b) $(100101100)_2$　(c) $(1442)_8$　(d) $(C76)_{16}$
[終]

(2) 減算 各桁において，上位桁からの借り発生や下位桁への貸し発生を処理するさいに間違えやすい点はあるが，基本的には 10 進数の場合と同様である．ある桁において，単なる上位桁からの借りは $(10)_2$ であるが，その桁

自身が下位桁へ貸しがあれば $(01)_2$ となることに注意する必要がある．減算は考えづらい側面をもっているため，減数の補数（次節）をとって加算に置き直した方がよいであろう．

例題 1.10 種々の基数による算術減算をせよ．
(a) $(01001001)_2 - (00111111)_2 \to (\ )_2$
(b) $(11001000)_2 - (01100100)_2 \to (\ )_2$
(c) $(724)_8 - (516)_8 \to (\ )_8$ (d) $(300)_8 - (56)_8 \to (\ )_8$
(e) $(7A1)_{16} - (4D5)_{16} \to (\ )_{16}$ (f) $(500)_{16} - (AB)_{16} \to (\ )_{16}$

解 (a) $(00001010)_2$ (b) $(01100100)_2$ (c) $(206)_8$ (d) $(222)_8$
(e) $(2CC)_{16}$ (f) $(455)_{16}$ ［終］

（3）**乗算**　10進数と同様な手続きの処理をすればよく，"0"または"1"との乗算となる．ここで，"0"を乗ずることは部分和の桁移動を意味して，"1"を乗ずることは被乗数そのものを部分和とすることを意味する．

例題 1.11 次の乗算をせよ．
(a) $(00111111)_2 \times (01001001)_2 \to (\ )_2$
(b) $(01100100)_2 \times (11001000)_2 \to (\ )_2$

解 (a) $(1000111110111)_2$ (b) $(100111000100000)_2$ ［終］

（4）**除算**　10進数と同様な手続きの処理をできるが，ここでは簡単な例題に留める．なお，r 進数を r で除す操作は小数点の位置を左へ1桁分ずらすことに相当する．

例題 1.12 とりあえず2進数へ変換してから，その結果を桁移動させる手順により，次の除算をせよ．
(a) $(25)_{10} / (2)_{10} \to (\ )_2$ (b) $(1081)_{10} / (2)_{10} \to (\ )_2$
(c) $(11001)_2 / (1010)_2 \to (\ )_2$

解 (a) $(1100.1)_2$ (b) $(1000011100.1)_2$ (c) $(10.1)_2$

[ヒント]
(a)　2)25　　　　(b)　2)1081　　　(c)　　　　　　10
　　　2)12　1　　　　　2) 540　1　　　　1010)11001
　　　2) 6　0　　　　　2) 270　0　　　　　　1010
　　　2) 3　0　　　　　2) 135　0　　　　　　　101
　　　2) 1　1　　　　　2) 67　1
　　　　 0　1　　　　　2) 33　1　　　　　　　　.1
　　　　　　　　　　　 2) 16　1　　　　1010)101
　　　　　　　　　　　 2) 8　0　　　　　　1010
　　　　　　　　　　　 2) 4　0　　　　　　　　0
　　　　　　　　　　　 2) 2　0
　　　　　　　　　　　 2) 1　0
　　　　　　　　　　　　　 0　1　　　　　　　　　　　　　　　　　[終]

1.4　補数演算

　この節では，整数の補数 (complement) 表示について述べる．数値演算を行うには負数が必要であり，扱える数値を二分して正負に分けることは自然な発想である．絶対値と符号により正負を表現する方法もあるが，ここでは補数という概念を考える．さて，10 進数 D または 2 進数 B が整数の場合，n 桁の補数 ($\widetilde{\ }$) は，

$$\begin{cases} \widetilde{D} = 10^n - D & \text{(10 の補数)} \\ \widetilde{B} = 2^n - B & \text{(2 の補数)} \end{cases}$$

となる．これらは，減算を行うかわりに補数との加算を行って減算の代替ができる．たとえば，$n-1$ 桁どうしの減算において

$$\begin{cases} D_1 - D_2 = D_1 + (10^n - D_2) - 10^n = D_1 + \widetilde{D}_2 - 10^n & \text{(10 進数減算)} \\ B_1 - B_2 = B_1 + (2^n - B_2) - 2^n = B_1 + \widetilde{B}_2 - 2^n & \text{(2 進数減算)} \end{cases}$$

となる．ただし，上式に含まれている「-10^n」や「-2^n」は，最上位桁を物理的に切り捨てる操作を意味する．たとえば，4 ビットの 2 進数を正数 $(0000)_2 \sim (0111)_2$ と負数 $(1000)_2 \sim (1111)_2$ とに分けてみよう．正数は自然 2 進数の順序になっているが，負数はどうすればよいのだろうか．10 進数で減算を考えると，たとえば，

$$7 - 4 = 7 + (10 - 4) - 10 = 7 + 6 - 10 = 13 - 10 = 3$$

と書ける．これは 4 を引く代わりに 6 を足して 13 を得て，繰り上がった桁 10 を切り捨てる操作とみることができる．この 6 を 4 の 10 に対する補数といい，被補数＋補数＝10^n となる関係にあって 10^n の補数を定義できる．これを 2 進

数で考えると 2^n の補数が定義できる．たとえば，
$$B_1-B_2=(0111)_2-(0100)_2=(0111)_2+(2^4-0100)_2-2^4$$
$$=(0111)_2+(1100)_2-(10000)_2=(10011)_2-(10000)_2=(0011)_2$$
となる（$n=4$）．ここでは，$(0100)_2$ の 2^4 の補数が $(1100)_2$ となっていることがわかる．最後の演算で 2^4 を減じているが，実際はハードウェア的に処理する立場から上位への桁上げ分を無視すればよいことになる．このように4ビットの負数を 2^4 補数表示にすると $(-1)\sim(-8)\to(1111)_2\sim(1000)_2$ とおける．負数は左端のビット（MSB：most significant bit）は常に1である点から符号ビットとみることができる．なお，数値 X があり，$(2^n-1)-X$ とする「1の補数」も考えられるがここでは扱わない．

例題1.13 2^n の補数器を作る方法を考えよ．ただし，n は桁数を表す．

解 2進数の入力を反転して1を加える操作であり，次の概念が考えられる．
$$X \longrightarrow [反転] \longrightarrow \boxed{+1} \longrightarrow [X の 2 の補数]$$
この方法は，2の補数から元の値に戻すこともできる．たとえば，
$$(0100)_2 \to (1011)_2 \to +1 \to (1100)_2$$
のように補数が求まり，逆の操作で
$$(1100)_2 \to (0011)_2 \to +1 \to (0100)_2$$
のように元の値に戻る．なお，2の補数を作る別な方法として，「右端のビット（LSB：least significant bit）から順に最初の1がくるまでそのまま0を出力し，最初の1もそのまま出力した後に残りすべてを反転する」ことも考えられる．　　［終］

ここで，数値を補数表現する場合に問題となるオーバーフロー（overflow）とはどのような状態であるのかを4ビット補数表現の場合について示す．たとえば，
$$正+正=負?:(0101)_2+(0100)_2=(1001)_2,$$
$$負+負=正?:(1101)_2+(1010)_2=(0111)_2$$
のように正数どうしの加算した結果で負が生じたり，負数どうしの加算した結果で正が生じることがある．これらは，演算結果が表現できる物理的な範囲を越えた値になる現象であり，オーバーフローという．この例では，演算結果が4ビットで表現できる数値範囲を越えるような桁あふれとなる場合に発生し，対処する方法は，物理的なビット数を増せばよい．参考までに，演算した結果が物理的に表現できる範囲より小さな絶対値をもつ数値になる現象をアンダー

フロー (underflow) といい，0に限りなく近い小さな小数値がこれに該当する．「浮動小数点」の数値表現においておこり得るオーバーフローやアンダーフロー問題も参考にされたい．

例題 1.14 論理演算と算術演算のプログラムにおける記述はどのようになるかを示せ．

解 C言語の例を以下に示す．ただし，具体的な演算の機能に関してはC言語の解説書を参考にされたい．

論理演算 次に示す演算子で表す関係が成立していれば「真」，成立していなければ「偽」となる．すなわち，

　　＞，＜，＞＝，＜＝，＝＝，！＝　　…関係演算子
　　＆＆，｜｜，！　　　　　　　　　　…論理演算子

この他に，ビットごとの演算を行う ＆，｜，＾ などの記述もある．

算術演算 次の演算子で表す関係が通常の加減乗除などの演算に用いられる．すなわち，

　　＋，－，＊，／　　　　　…二項演算子
　　＋＋，－－，－　　　　　…単項演算子
　　＝，＋＝，－＝，＊＝，／＝　…代入演算子

この他に，剰除算を行う "％" や "％＝"，補数を行う "～"，ビットシフトを行う "≪"，"≫" などもある．　　　　　　　　　　　　　　　　　　　　［終］

以上，数値変換の内容はさまざまであり，たとえば，文字を符号化して任意の数値とみなした変換を扱う場合には，整数系の処理が主体となる．また，算術演算で扱う数値を指数表現にして範囲を拡張した場合には，小数系の処理が主体となる．

1.5　固定小数点方式

整数型の正負2進数をコンピュータ内で管理する一つに，固定小数点 (fixed point) 方式がある．これは，小数点の位置を最下位桁である LSB の右隣におき，表現しようとする数値をすべて整数扱いとする方式である．固定小数点方式の記述表現および，扱え得る数値範囲を図1.1に示す．ただし，図中の最上位桁の S とそれに続く M はそれぞれ符号部および仮数部，m は仮数

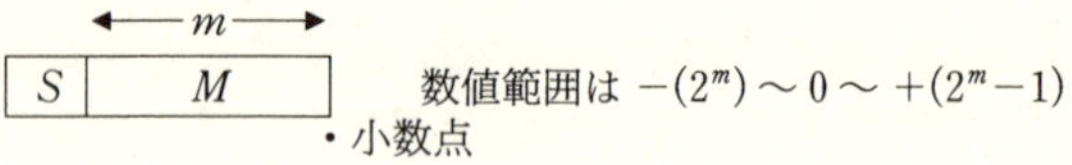

```
        ←― m ―→
       ┌─┬─────┐
       │S│  M  │        数値範囲は $-(2^m) \sim 0 \sim +(2^m-1)$
       └─┴─────┘
            ・小数点
```

図1.1 固定小数点方式

部の長さである．この方式は，小数演算を扱う「浮動小数点方式」と比べて取扱いが簡易となる特徴をもっている．なお，浮動小数点に関する詳細は他書に譲る．

1.5.1 乗・除算演算

乗・除算の計算をコンピュータ上で行うために，2進数に基づいた算術演算を行う必要がある．以下に，コンピュータ上で行う乗・除の算術演算について例をあげてその仕組みをみてみよう．

(1) 乗算 具体的に，$7 \times 5 = (0111)_2 \times (0101)_2$ を例として，絶対値表示で演算を行う様子を述べる．あらかじめ，数値を一時的に蓄える場所を T および A としよう．乗数の LSB が 0 か 1 かで部分和を行うかどうかを振り分けて，演算結果を A におく操作を繰り返す．桁移動(シフト)と部分和により乗算が進展する様子を $T=7$，$A=5$，$T \times A = 35$ の場合について以下に示す．ここでは，被乗数を T に，また，乗数を A の右3ビットにおき，演算が完了した時点でその答えとおきかわっている点に注意しよう．なお，演算過程におけるアンダーラインは部分和の位置 LSB，また，＊印は部分和 $(0111\ 000)_2 + (0001\ 111)_2$ の結果をそれぞれ意味する．

```
                T           0111
                A           0000 101
   LSB=1 : T+A              0111 101
        右シフト    0 →     0011 110
   LSB=0 : そのまま          0011 110
        右シフト    0 →     0001 111
   LSB=1 : T+A              1000 111 *
        右シフト    0 →     0100 011 …答 35
```

(2) 除算 一般に，下記に示す2種類の方法があり，(a) は考えやすさの点で，(b) は効率の点で有利となる．

(a) 足し戻し法(restoring method)：一度減算を行って引ければ商に 1 を

たて，引けなければ減算を解消して元の数値に戻し，シフトを行った後に改めて減算を行う方法である．

（b） **引き離し法**(non-restoring method)：引ける引けないにかかわらず，シフトをする前にまず減算して，次にシフトしてから改めて加算する方法である．ただし，最後に余りを求めるときは足し戻し法で行う．

（a），（b）それぞれの方法につき任意の桁演算($y \div x$)を行う過程において，部分減算が負となった場合への処理を以下に示す．

（a） $y-x\ <0$ の時　$\{(y-x)+x\}\times 2-x\ =y\times 2-x$，さらに
　　　$y\times 2-x<0$ の時　$\{(y\times 2-x)+x\}\times 2-x=y\times 2^2-x$

（b） $y-x\ <0$ の時　$(y-x)\times 2+x\ =y\times 2-x$，さらに
　　　$y\times 2-x<0$ の時　$(y\times 2-x)\times 2+x\ =y\times 2^2-x$

両者とも被除数から除数を引ければ商=1，引けなければ商=0とおいてシフト/部分和を施した桁ごとの演算を繰り返す．なお，2倍することは1ビット左シフトすることと等価であることはいうまでもない．ここで，引き離し法として $(y \div x) = 23 \div 7 = 3$ 余り 2，すなわち $(010111)_2 \div (0111)_2 = (0011)_2$ 余り $(010)_2$ を行う具体例を示す．なお，演算過程の破線は左シフトを行って空いたLSBに被除数を付け加えた状態を意味する．以上より，商 $(0011)_2$，余り $(000010)_2$ を得る．

```
y      010111
x    -)0111           y-x    商
       1011           <0     0
       10111          ×2
     +) 0111          +x
       11110          <0     0
       111101         ×2
     +)  0111         +x
       000100         ≧0     1
       001001         ×2
     -)   0111        y-x
       000010         ≧0     1
```

1.6　そ　の　他

整数系における符号化の二つの例(2進化10進符号，グレイ符号)を取り上げる．

1.6.1 2進化10進符号

2進化10進符号とは，"binary coded decimal" の訳でBCDと略されている．4ビットを1桁としてまとめ，10進数の0～9をそれに割り当てる符号化の方法である．4ビットの未使用部分である $(A)_{16}$～$(F)_{16}$ を無駄にする点や，自然2進数との相互変換を必要とする点で効率が悪い．自然2進数からBCDへ変換する様子を流れ図および，その具体例として図1.2に示す．この例は，1バイトを4ビット2桁に割り当て，自然2進数の1桁をBCDの2桁に変換するために "+6" を利用している．

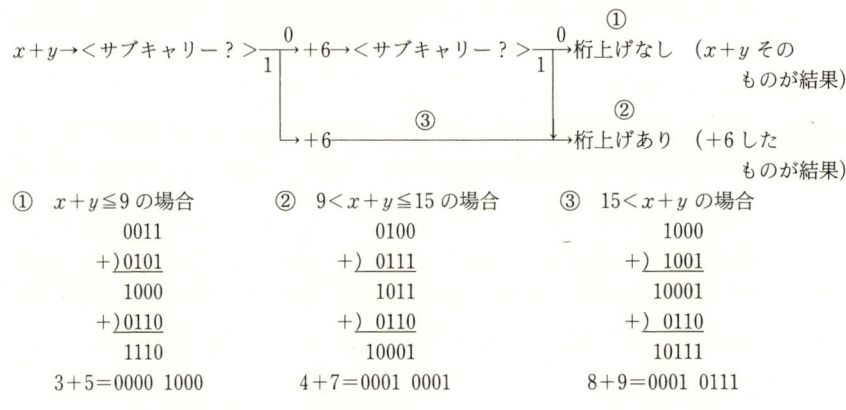

図1.2 BCD変換（サブキャリー：4ビット目の桁上げ）

1.6.2 グレイ符号

グレイ符号 (gray code) とは，隣接するビット列において互いに相対応するビット位置の値が一つしか異なっていない（ハミング距離が1であるという：3.4.1節）符号系列である．この関係は，最小値のビット列と最大値のビット列についても同様な距離関係にあり，巡回符号をなしている．ただし，符号間のハミング距離が1である組合せは隣接する符号以外にもあり得る．たとえば，$(001)_2$ は $(000)_2$ と $(011)_2$ 以外に $(101)_2$ がある．3ビットの場合における2進符号とグレイ符号との比較例を表1.1に示す（正数扱い）．この表において，グレイ符号を破線で折り返すとMSBを除いた符号が対称になっているが，これは4ビット以上の場合においても同じ傾向となる．

表1.1 3ビットの自然2進符号とグレイ符号

10進	自然2進	グレイ
0	000	000
1	001	001
2	010	011
3	011	010
4	100	110
5	101	111
6	110	101
7	111	100

（1） グレイ符号 → 自然2進符号　次の内容は，8ビットグレイ符号 ($g_7 g_6 \cdots g_0$) を8ビット自然2進符号 ($b_7 b_6 \cdots b_0$) へ変換する方法であり，MSBからLSBに向かってビット単位に論理演算を施す．ここで，演算子 $\oplus$ は排他的論理和 (2.2節) と呼ばれ，2数が異なれば"1"を，同じであれば"0"を出力する演算である．具体例を図1.3に示す．

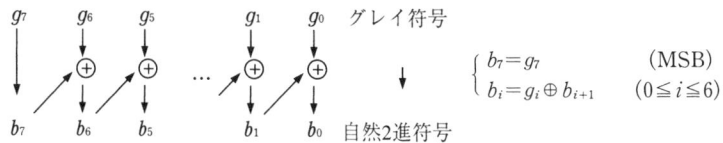

$$\begin{cases} b_7 = g_7 & (\text{MSB}) \\ b_i = g_i \oplus b_{i+1} & (0 \leq i \leq 6) \end{cases}$$

図1.3　グレイ符号 → 自然2進符号

（2） 自然2進符号 → グレイ符号　グレイ符号から自然2進符号への類推として，8ビット自然2進符号 ($b_7 b_6 \cdots b_0$) から8ビットグレイ符号 ($g_7 g_6 \cdots g_0$) へ変換する方法は図1.4のようになる．

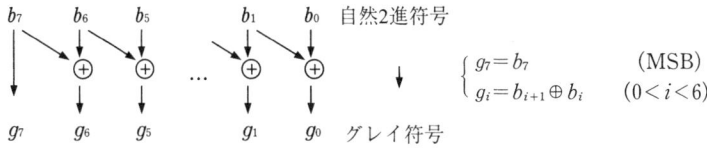

$$\begin{cases} g_7 = b_7 & (\text{MSB}) \\ g_i = b_{i+1} \oplus b_i & (0 < i < 6) \end{cases}$$

図1.4　自然2進符号 → グレイ符号

2章 論理演算

本章では，集合演算の種類とそれらの内容を知って，集合の論理を2値に限った基本的な演算系を学ぶ．次に，重要なド・モルガンの定理や双対性へと論理の内容を進展させる．

2.1 集合演算

まず，論理演算に関係すると思われる集合演算について触れる．たとえば，個々の集合を A, B, 全体集合を U, 要素を a, ϕ (空集合) とおくと

$\overline{A}$ ：A の補集合 (complement set) である
$A \cup B$ ：A, B が和集合 (union) である
$A \cap B$ ：A, B が積集合 (join) である
$a \in A$ ：a が集合 A の要素 (member) である
$a \notin A$ ：a が集合 A の要素でない
$\phi \in A$ ：A が空集合 (empty set) である
$A \subseteq B$ ：A は B の部分集合 (subset, A は B に包含される) である
$A \subset B$ ：$A \subseteq B$ かつ $A \neq B$ の意味であり，A は B の真部分集合である

などの演算がある．ここで，$A \cap B = \phi$ は A と B は互いに素 (disjoint) であるといい，$a \subseteq A \cup B \cup \cdots$ は a が $\{A, B, \cdots\}$ に被覆 (cover) されているという．また，$t = \{a, b, c\}$ とすれば，t のベキ集合 (power set) は $\{a\}$, $\{b\}$, $\{c\}$, $\{a, b\}$, $\{b, c\}$, $\{c, a\}$, $\{a, b, c\}$, $\{\phi\}$ と表すことができる．これらは，属する集合体すべての部分集合を要素とする集合 (空集合を含む) で組合せは 2^3 種類となる．

さて，算術演算は加減乗除に基づく日常的に身近な演算であり，論理演算は集合論と関連した真偽を問う系である．これら二者の演算をたとえれば，$A + A = 2A$ (算術演算) および $A \cup A = A$ (論理演算) となり，乾電池の直列接続と並列接続における電圧値の違いであるということができる．

本書で用いる論理回路の記号は MIL-STD (military service standard) に

準じた表記法とする．また，変数 X の否定は $\overline{X}$ と表すことにする．

なお，1.1 節で触れたように，ある判断を言葉に表して記述したものを「命題」という．その内容が「真」か「偽」に限った 2 値論理を扱い，記述中の「または」や「および」などの論理条件が和集合や積集合に対応する．

2.2 基本演算

以下に 7 種類の基本的な論理演算を示す．ここで，入力変数を $\{A, B\}$，出力変数を $\{C\}$ とする．なお，以降で用いる「真理値表」とは，論理入力のすべての可能な組合せに対する出力値を表として関連づけたものである．

（1） **NOT**（否定）　入力の反転を出力値とする働きをもつ（表 2.1，図 2.1）．

表 2.1　真理値表

A	C
0	1
1	0

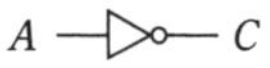

(a) 論理記号　　(b) 論理式　$C = \overline{A}$

図 2.1　NOT

（2） **OR**（論理和）　入力に一つでも"1"があると，他の入力値にかかわらず出力値は"1"となる（表 2.2，図 2.2）．

表 2.2　真理値表

A	B	C
0	0	0
0	1	1
1	0	1
1	1	1

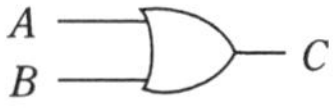

(a) 論理記号　　(b) 論理式　$C = A \cup B$

図 2.2　OR

（3） **AND**（論理積）　入力に一つでも"0"があると，他の入力値にかかわらず出力値は"0"となる（表 2.3，図 2.3）．

表 2.3　真理値表

A	B	C
0	0	0
0	1	0
1	0	0
1	1	1

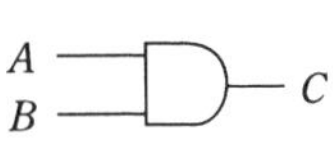

(a) 論理記号　　(b) 論理式　$C = A \cap B$

図 2.3　AND

(4) **NOR**(論理和＋否定)　ORの出力値を反転したものである(表2.4,図2.4).

表2.4　真理値表

A	B	C
0	0	1
0	1	0
1	0	0
1	1	0

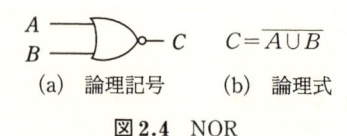

$C = \overline{A \cup B}$

(a) 論理記号　　(b) 論理式

図2.4　NOR

(5) **NAND**(論理積＋否定)　ANDの出力値を反転したものである(表2.5,図2.5).

表2.5　真理値表

A	B	C
0	0	1
0	1	1
1	0	1
1	1	0

$C = \overline{A \cap B}$

(a) 論理記号　　(b) 論理式

図2.5　NAND

(6) **EOR**(排他的論理和)　Exclusive OR の略で比較器としての機能があり，2入力が等しい時に出力は"0"で異なるときに"1"となる．これは，算術演算の2を法とする剰余系("modulo 2 addition")とみることもできる(表2.6, 図2.6).

表2.6　真理値表

A	B	C
0	0	0
0	1	1
1	0	1
1	1	0

$C = A \oplus B$
$ = (A \cap \overline{B}) \cup (\overline{A} \cap B)$

(a) 論理記号　　(b) 論理式

図2.6　EOR

(7) **ENOR**(排他的論理和＋否定)　EORの出力値を反転したものであり，一致機能をもつ(表2.7, 図2.7).

表2.7 真理値表

A	B	C
0	0	1
0	1	0
1	0	0
1	1	1

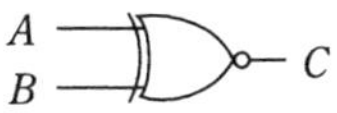

(a) 論理記号 (b) 論理式

$$C=\overline{A\oplus B}=(A\cap B)\cup(\overline{A}\cap\overline{B})$$

図2.7 ENOR

　以上，7種類の論理演算を示した．本書では，この章以降で扱う表現において集合演算の記号 ∪ を +，∩ を・(または省略)として簡略化する．本来，4入力に対する出力値は全部で16種類が考えられ，表2.8は2入力 A，B における個々の出力を $C_0 \sim C_{15}$ とした論理演算の場合である．

表2.8 2変数による演算の種類

A	B	C_0	C_1	C_2	C_3	C_4	C_5	C_6	C_7	C_8	C_9	C_{10}	C_{11}	C_{12}	C_{13}	C_{14}	C_{15}
0	0	0	0	0	0	0	0	0	0	1	1	1	1	1	1	1	1
0	1	0	0	0	0	1	1	1	1	0	0	0	0	1	1	1	1
1	0	0	0	1	1	0	0	1	1	0	0	1	1	0	0	1	1
1	1	0	1	0	1	0	1	0	1	0	1	0	1	0	1	0	1

　ここで，C_1 は AND，C_6 は EOR，…などであるが，一般の用途においてすべての演算を定義しているわけではない．参考として，与えられた命題の真偽における表中の C_{13} は，A が「真」で B が「偽」の時のみ「偽」となる演算であり，$A \leq B$ と同じ意味をもつ．他に，C_2，C_4，C_{11} などは次のように考えられる(ただし，本書では定義していない)．

$C_2 : A\cdot\overline{B}$　$(A-B)$　　$C_4 : \overline{A}\cdot B$　$(B-A)$　…抑止演算

$C_{11} : A+\overline{B}$　$(B\to A)$　　$C_{13} : \overline{A}+B$　$(A\to B)$　…含意演算

2.3　スイッチ回路

　EOR の機能を利用して，反転/非反転を論理的に切り替えることができる．すなわち，$C=A\oplus B=A\,(B=0)$，$C=A\oplus B=\overline{A}\,(B=1)$ より，入力信号を A，制御信号を B，出力信号を C とした真理値表とその回路図はそれぞれ表2.9および図2.8のようになる．

　スイッチ部(ON/OFF=1/0)を S_1，S_2，…とすれば，それらを直列につないだ出力は，

表2.9 真理値表

A	B	C
0	0	0
0	1	1
1	0	1
1	1	0

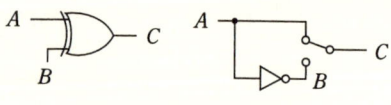

図2.8 EOR素子と回路図

$$\min\{S_1, S_2, \cdots\}$$

と表せる．ここで，min は { } 内の最小値をとる演算を意味することから { } 内の AND 操作となる．すなわち，図 2.9 のように，スイッチ回路の直列回路は AND 回路に対応しているといえる．

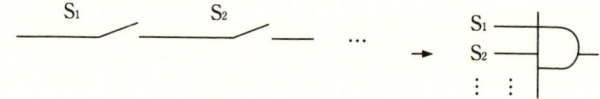

図2.9 直列スイッチと AND 素子

一方，スイッチ S_1, S_2, … を並列につないだ出力は，

$$\max\{S_1, S_2, \cdots\}$$

と表せる．ここで，max は { } 内の最大値をとる演算を意味することから { } 内の OR 操作となる．すなわち，図 2.10 のように並列回路は OR 回路に対応しているといえる．

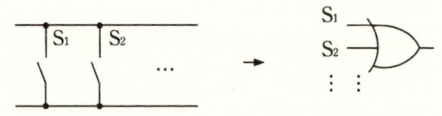

図2.10 並列スイッチと OR 素子

例題 2.1 図 2.11(a) のスイッチ回路を論理式の展開に従って簡単化せよ．

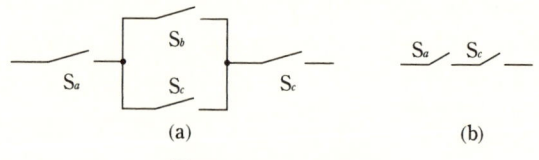

図2.11 スイッチ回路

解 $S_a \cdot (S_b + S_c) \cdot S_c = (S_a \cdot S_b + S_a \cdot S_c) \cdot S_c = S_a \cdot S_b \cdot S_c + S_a \cdot S_c = S_a \cdot S_c$ （図 b）

［終］

例題 2.2 論理式 $f = A \cdot (B + C \cdot D) + (E + F) \cdot (G + H)$ のスイッチ回路を図示せよ．

解 $f_1 = A \cdot (B + C \cdot D)$, $f_2 = (E + F) \cdot (G + H)$ と書くと，$f = f_1 + f_2$ となる（図 2.12）．

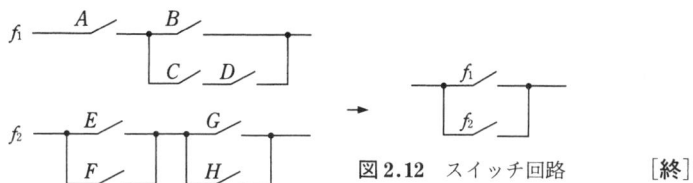

図 2.12 スイッチ回路　　［終］

一般に，スイッチ回路の変形を論理式の変形として代替できる点は重要であり，論理式の上で演算処理をすることがスイッチ回路を簡略化することへ結びつく．ここで，否定を含んだ論理式とスイッチ回路との結び付きを取り上げてみる．例として，以下に示す論理式 f_1 と f_2 およびそれらの回路図 2.13(a)，(b)より，互いの関連を知ることができる．

$$f_1 = A \cdot B + \overline{A} \cdot \overline{B} \qquad f_2 = \overline{A} \cdot B + A \cdot \overline{B}$$

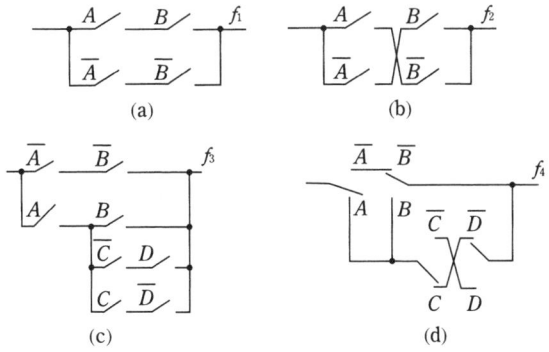

図 2.13 排他的スイッチ回路

別の例 f_3 と f_4 でみると，

$$f_3 = A \cdot B + \overline{A} \cdot \overline{B} + A \cdot C \cdot \overline{D} + A \cdot \overline{C} \cdot D$$

これをそのままスイッチ回路に置き換えると図 (c) のようになる．与式を整理して，

$$f_4 = \overline{A} \cdot \overline{B} + A \cdot (B + C \cdot \overline{D} + \overline{C} \cdot D)$$

を得るが，排他的に動作する接点部を同じスイッチにまとめると図 (d) のようになる．

　参考として，次の例はスイッチ回路として，電流の経路と論理関数との関連を知る上で興味ある題材となる．ブリッジ回路 (図 2.14(a)) を論理関数に置き換える場合を取り上げる．電流の経路をすべて調べると，$A \to D$，$E \to C$，$A \to B \to C$，$E \to B \to D$ の 4 通りがある．したがって，電気回路の「重ねの理」と関連させた経路を論理和の形 f_5 としてまとめると，

$$f_5 = A \cdot D + E \cdot C + A \cdot B \cdot C + E \cdot B \cdot D$$

となり，等価な回路化である図 (b) を得る．

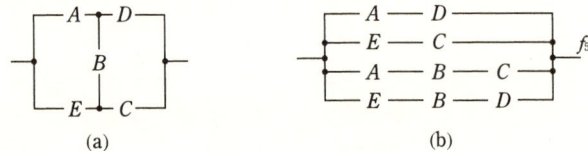

図 2.14　ブリッジ回路

　このように，入出力の端子間が連結されるようなすべての経路を求め，それらの経路上にループを含まないようにして得られた複数の経路をひとまとめにする．各々の経路はそれ自身で「真」となり，それらの集合はすべての可能性に対応しているため，後処理として簡略化された論理式が最短経路を表現する．

例題 2.3　一階からも二階からも点滅できる階段ランプのスイッチ回路を設計せよ．ただし，スイッチの ON/OFF 動作は論理値 1/0 に対応すると考える．
解　一階および二階のスイッチをそれぞれ S_1，S_2 とする．一階で ON にしても二階で ON にしてもランプがつくこと，また，一階で ON にして二階で OFF にできる

表 2.10　真理値表

S_1	S_2	ON/OFF
0	0	0
0	1	1
1	0	1
1	1	0

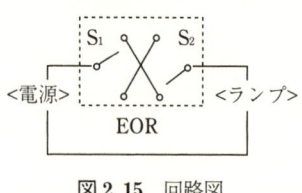

図 2.15　回路図

こと，およびその逆ができることを考慮して表 2.10 と図 2.15 を得る (EOR 動作).

[終]

例題 2.4　4 入力の組合せ論理回路において，奇数パリティ (odd parity) または偶数パリティ (even parity) 検査の機能をもたす方法を述べよ．ここで，パリティの意味は記号系列に含まれる値"1"の総数を意味する．

解　2 入力のうち，1 の数が奇数であるかどうかを EOR で知ることができ，これを 4 入力へ拡張すればよい．すなわち，2 入力 EOR を 3 個用いて 4 入力 $A \sim D$ を，入力 E を奇数/偶数パリティいずれかを選択する制御線 (0/1=奇数/偶数) とすればよい (図 2.16).

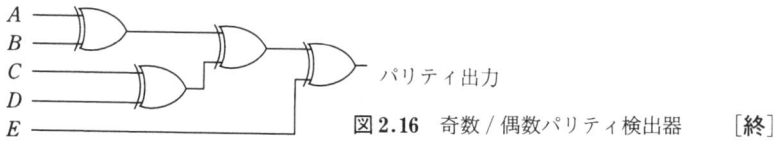

図 2.16　奇数/偶数パリティ検出器　　[終]

例題 2.5　2 次元の 2 値パターン (a)，(b) 間の論理演算 OR，AND，EOR を行うとどうなるか．

解　OR と AND は次のようにそれぞれ (c) と (d) になる．また，差分の絶対値をとると EOR 演算そのものになる (e).

```
0001000    0011100    0011100    0001000    0010100
0010100    0100010    0110110    0000000    0110110
0100010    1000000    1100010    0000000    1100010
1000001    1000000    1000001    1000000    0000001
1111111    1000001    1111111    1000001    0111110
1000001    0100010    1100011    0000000    1100011
1000001    0011100    1011101    0000000    1011101
  (a)        (b)        (c)        (d)        (e)
```

[終]

2.4　グラフ表現

「グラフ」とは，節点や枝および節点と枝につけたラベルによる図式表現の一つである．枝が向きをもった「有向グラフ」を「木」といい，枝の数を 2 本に限って表現する木を 2 分木 (binary tree) という．また，論理関数を木構造

で表現しようする場合には，木の構成部分につけたラベルとして，非終端節点（論理変数名），終端節点（論理関数値），枝（論理変数値）のように区分する方法がある．非終端の節点から出る2本の枝に論理値{0，1}をもたせれば，真理値表と等価な表現ができる．主加法標準形（3.1節）がn変数の場合，2分木は2^n個の終端節点をもつことになる．次の例で，論理式fとそのグラフ表現との対応づけを考える．

$$f=(A+C)\cdot B=A\cdot B+B\cdot C=A\cdot B\cdot(\overline{C}+C)+(\overline{A}+A)\cdot B\cdot C$$

変数を非終端の節点に，fの値{0，1}を終端節点にラベルづけして，根から枝をたどっていくことにより，論理変数の組合せに対する出力値を表現できる．ここでは，非終端のグラフ表現は左枝=0および右枝=1（またはその逆）と割り当てる．その結果，論理式fの真理値表とそのグラフ表現はそれぞれ表2.11および図2.17のようになる．なお，このグラフ上において$(\overline{A}+A)$や$(\overline{C}+C)$はその節以下の枝両方に葉が分布していることになる．なお，部分木の形状やラベルのすべてが同一である両者をまとめたり，左右へいく枝先が共に同じ節点に至る節点を削除して木の簡単化を行うこともできる．

表2.11 真理値表

A	B	C	f
0	0	0	0
0	0	1	0
0	1	0	0
0	1	1	1
1	0	0	0
1	0	1	0
1	1	0	1
1	1	1	1

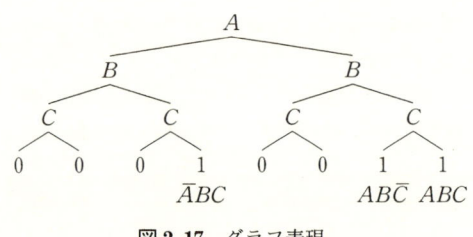

図2.17 グラフ表現

参考までに，任意の論理式を構成する論理変数そのもの（あるいはその変数の否定）を「リテラル」(literal)という．たとえば，論理変数XのリテラルはX（あるいは$\overline{X}$）であり，各変数は二つのリテラルをもつことになる．

例題2.6 「3科目の試験のうちで2科目以上が60点以上であれば合格する」という．入出力変数をどのように設定すればよいか．また，そのグラフ表現はどのようになるか．

解 60点以上（未満）を1(0)で表して，3科目を入力変数A，B，C，出力結果

表 2.12　真理値表

A	B	C	f
0	0	0	0
0	0	1	0
0	1	0	0
0	1	1	1
1	0	0	0
1	0	1	1
1	1	0	1
1	1	1	1

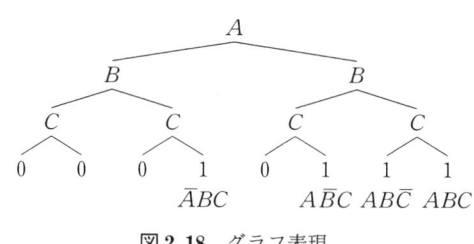

図 2.18　グラフ表現

を f とおく．真理値表およびグラフ表現をそれぞれ表 2.12，図 2.18 に示す．

なお，この問題を「3 科目の平均点が 60 点以上であれば合格する」と変更する場合，平均点を得るために加算器を登場させて，3 科目の加算点に基づいた yes/no を判定すればよいことになる． [終]

例題 2.7　論理演算の NAND および NOR 機能を実現させるための個別部品によるハードウェアは，どのようにすればよいか．それらを受動素子および能動素子で構成する場合について比較せよ．

解　入力を A，B，出力を C とすれば，トランジスタを用いた能動素子の場合 (NOT 回路) および，ダイオードを用いた受動素子だけの場合をそれぞれ図 2.19(a)～(c) に示す．ここで，ダイオードの AND または OR の出力端子 C と，NOT の入力端子 A とを結べば，それぞれ NAND または NOR ができる．なお，トランジスタを用いた AND，OR 回路は各自で考えよ．

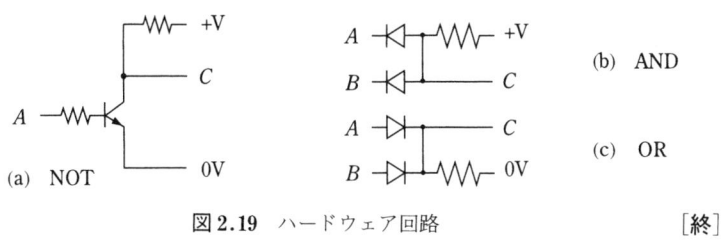

図 2.19　ハードウェア回路 [終]

2.5　ド・モルガンの定理

ド・モルガン (De Morgan) の定理は和形式の表現を積形式に，またはその逆の操作を行うために重要な定理である．論理式 2 種類とその等価回路 2 種類

(a) $\overline{A+B} = \overline{A} \cdot \overline{B}$ (b) $\overline{A \cdot B} = \overline{A} + \overline{B}$

図 2.20 ド・モルガンの定理

を図 2.20 に示す（ここで，論理素子の入力にある丸印は NOT を意味する）．これらは，等式の左右において次の重要な関係を意味する．すなわち，

「論理式全体を否定することは，各変数を否定して，かつ論理和と論理積とを置き換えることと等価になる」

参考として，変数 $\{A, B, \cdots\}$ および $\{0, 1, +, \cdot\}$ を含んだ論理関数 $f_{()}$ の式を用いると，ド・モルガンの定理は次のように表すこともできる．

$$\overline{f_{(+,\cdot,0,1,A,B)}} = f_{(\cdot,+,1,0,\overline{A},\overline{B})}$$

参考として，ド・モルガンの定理を「記号論理」とよばれる記述で表すと次のようにも書ける．

    not $(A$ or $B)$ $\longleftrightarrow$ (not A) and (not B)

    not $(A$ and $B)$ $\longleftrightarrow$ (not A) or (not B)

ド・モルガンの定理を証明するには，真理値表やベン図を利用して容易に行うことができる．たとえば，2 変数の場合，図 2.21 と表 2.13 から等式の成り立つことが理解できるであろう．

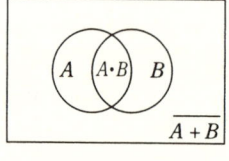

図 2.21 ベン図

表 2.13 真理値表

A	B	$\overline{A+B}$	$\overline{A} \cdot \overline{B}$	$\overline{A \cdot B}$	$\overline{A} + \overline{B}$
0	0	0	1	0	1
0	1	1	0	0	1
1	0	1	0	0	1
1	1	1	0	1	0

2 変数以上におけるド・モルガンの定理は，一般に次のような表現ができる．

$$\overline{A+B+C+\cdots} = \overline{A} \cdot \overline{B} \cdot \overline{C} \cdots$$

$$\overline{A} + \overline{B} + \overline{C} + \cdots = \overline{A \cdot B \cdot C \cdots}$$

この定理を単なる積和変換だけではなく，「和」の世界と「積」の世界との相互入れ替えを行うことができる変換式として受け止めるべきである．その結果，NOR 素子の機能を組み合わせるだけで，他の論理機能すべてを代替すること

ができるといえる (2.6 節)．これは，NOR 素子のかわりに NAND 素子を用いても同様の万能性が成り立つ．

例題 2.8 次の論理式を等価な別の表現に改めよ．
$$f_{(A,B)} = \overline{A \cdot \overline{B} + \overline{A} \cdot B}$$

解 ド・モルガンの定理に従って，「論理式全体を否定することは，各変数を否定してかつ，論理和と論理積とを置き換えることと等価になる」という関係を考慮すると①〜④の手順から次のようになる．

① $\overline{A \cdot \overline{B} + \overline{A} \cdot B} = \overline{A \cdot \overline{B}} \cdot \overline{\overline{A} \cdot B}$, ② $\overline{A \cdot \overline{B}} = (\overline{A} + B)$
③ $\overline{\overline{A} \cdot B} = (A + \overline{B})$, ④ $(\overline{A} + B) \cdot (A + \overline{B}) = A \cdot B + \overline{A} \cdot \overline{B}$
∴ $f_{(A,B)} = A \cdot B + \overline{A} \cdot \overline{B}$ [終]

2.6 NOR/NAND による代替

NOR 素子を組み合わせて NOT，OR，AND などの機能を代替できる．ただし，代替による素子の遅延時間は考えないとする．ここで，NOT の代替は 2 入力を結んで 1 入力にまとめるか，2 入力の一方を"0"に固定して 1 入力のみにするかのいずれでもよい．NOT，OR，AND，NAND などが NOR で代替できる論理式の関係を次に示す．

NOT ：$\overline{A} = \overline{A + A}$ または $\overline{A + 0}$
OR ：$A + B = \overline{\overline{A + B}} = \overline{\overline{A + B + 0}}$
AND ：$A \cdot B = \overline{\overline{A} + \overline{B}} = \overline{\overline{A + 0} + \overline{B + 0}}$
NAND：$\overline{A \cdot B} = \overline{A} + \overline{B} = \overline{A + 0} + \overline{B + 0} = \overline{\overline{A + 0} + \overline{B + 0} + 0}$

一方，NAND も NOR と同様の万能性がある．NOT は NOR の場合と同様に 2 入力を結んで 1 入力にするか，2 入力の一方を 1 に固定して 1 入力にするかのいずれでもよい．NOT，AND，OR，NOR などが NAND で代替できる論理式の関係を次に示す．

NOT：$\overline{A} = \overline{A \cdot A}$ または $\overline{A \cdot 1}$
AND：$A \cdot B = \overline{\overline{A \cdot B}} = \overline{\overline{A \cdot B \cdot 1}}$
OR ：$A + B = \overline{\overline{A} \cdot \overline{B}} = \overline{\overline{A \cdot 1} \cdot \overline{B \cdot 1}}$
NOR：$\overline{A + B} = \overline{A} \cdot \overline{B} = \overline{\overline{\overline{A \cdot 1} \cdot \overline{B \cdot 1}}}$

例題 2.9 任意の論理式 f を NAND 素子のみを使って表せ．
$$f = \overline{C} \cdot \overline{A} \cdot B + \overline{C} \cdot A \cdot \overline{B} + C \cdot \overline{A} \cdot \overline{B} + C \cdot A \cdot B$$

解 ド・モルガンの定理に従って変形すると，次のように表現できる（NOT の代替は考慮せず）．
$$f = \overline{\overline{\overline{C} \cdot \overline{A} \cdot B} \cdot \overline{\overline{C} \cdot A \cdot \overline{B}} \cdot \overline{C \cdot \overline{A} \cdot \overline{B}} \cdot \overline{C \cdot A \cdot B}}$$
［終］

例題 2.10 次の論理式 f を (a) NAND 素子だけで，(b) NOR 素子だけで回路を構成するための論理式を求めよ（NOT の代替は考慮せず）．
$$f = (\overline{A} + B) \cdot (A + \overline{B}) \cdot C$$

解
(a) $f = A \cdot B \cdot C + \overline{A} \cdot \overline{B} \cdot C = \overline{\overline{A \cdot B \cdot C} \cdot \overline{\overline{A} \cdot \overline{B} \cdot C}}$
(b) $f = (A \cdot B + \overline{A} \cdot \overline{B}) \cdot C = (\overline{\overline{A} \cdot \overline{B}} + \overline{A + B}) \cdot C = \overline{\overline{\overline{A} \cdot \overline{B}} + \overline{A + B}} + \overline{C}$
 または，
 $f = (A \cdot B + \overline{A} \cdot \overline{B}) \cdot C = (A + \overline{B}) \cdot (\overline{A} + B) \cdot C = \overline{\overline{(A + \overline{B})} + \overline{(\overline{A} + B)} + \overline{C}}$ ［終］

2.7 双 対 性

前節に示したド・モルガンの定理の類推として，次の二例を考えよう．
$$\overline{A + B} = \overline{A} \cdot \overline{B} \;\rightarrow\; \text{左辺の}+\text{を}\cdot\text{かつ右辺の}\cdot\text{を}+ \;\rightarrow\; \overline{A \cdot B} = \overline{A} + \overline{B}$$
$$\overline{A \cdot B} = \overline{A} + \overline{B} \;\rightarrow\; \text{左辺の}\cdot\text{を}+\text{かつ右辺の}+\text{を}\cdot \;\rightarrow\; \overline{A + B} = \overline{A} \cdot \overline{B}$$

このような操作を換言すると，
「ある論理関係式の論理和と論理積とを置き換えて，さらに 0 と 1 とを置き換えると新たな論理関係式を作ることができる．」

これは「双対の原理」(duality) といわれる重要な性質であり，任意の関数が AND, OR, NOT からなる論理関数において，論理関数の AND と OR 機能を入れ替えた新たな論理関数が得られることを示唆している．ただし，新たに生成した論理式が元の論理式と等価であるということを意味していない点に注意を要する．たとえば，次に示す矢印の左右において両者は別の関係式となることがわかるであろう．

$$(A + B) \cdot (A + C) = A + B \cdot C \;\rightarrow\; (A \cdot B) + (A \cdot C) = A \cdot (B + C)$$
$$A \cdot B = A \cdot (\overline{A} + B) \;\rightarrow\; A + B = A + \overline{A} \cdot B$$

双対性の背景として，次の論理関係式 $f_{1(\ )}$ と $f_{2(\ )}$ について考察する（A, B,

…は論理変数).
$$f_{1(+,\cdot,A,B,\cdots)} = f_{2(+,\cdot,A,B,\cdots)}$$
両辺の否定をとれば，$\overline{f_{1(\ )}} = \overline{f_{2(\ )}}$ となる．ド・モルガンの定理である $\overline{f_{(+,\cdot,A,B,\cdots)}} = f_{(\cdot,+,\bar{A},\bar{B},\cdots)}$ の関係を $f_{1(\ )}$ と $f_{2(\ )}$ の双方に適用すると，
$$f_{1(\cdot,+,\bar{A},\bar{B},\cdots)} = f_{2(\cdot,+,\bar{A},\bar{B},\cdots)}$$
ここで改めて，$\bar{A} \to A, \bar{B} \to B, \cdots$ の置換えをした新たな関数を，それぞれ $f_{3(\ )}$ および $f_{4(\ )}$ とすれば，
$$f_{3(\cdot,+,A,B,\cdots)} = f_{4(\cdot,+,A,B,\cdots)}$$
となる．これは，元の関係式 $f_{1(\ )} = f_{2(\ )}$ から $+ \longleftrightarrow \cdot$ の入替えをした新しい関係式 $f_{3(\ )} = f_{4(\ )}$ が成り立つことを意味する．すなわち，
$$f_{1(+,\cdot,A,B,\cdots)} = f_{2(+,\cdot,A,B,\cdots)} \quad \to \quad f_{3(\cdot,+,A,B,\cdots)} = f_{4(\cdot,+,A,B,\cdots)}$$
定数項である 2 進数 {0，1} も含めて表現すると
$$f_{1(+,\cdot,0,1,A,B,\cdots)} = f_{2(+,\cdot,0,1,A,B,\cdots)} \quad \to \quad f_{3(\cdot,+,1,0,A,B,\cdots)} = f_{4(\cdot,+,1,0,A,B,\cdots)}$$
と書ける．双対性による新たな関係式は，変数に {0，1} を代入して容易に等式を証明することができる．単純な双対性の例を挙げれば，
$$A + \bar{A} = 1 \to A \cdot \bar{A} = 0 \quad 1 + A = 1 \to 0 \cdot A = 0 \quad 1 \cdot A = A \to 0 + A = A$$
$$A \cdot (B + C) = A \cdot B + A \cdot C \to A + B \cdot C = (A + B) \cdot (A + C)$$
ここで，双対性の原理に関して見方を変えると

「ある論理関数 f_1 があり，その変数ごとに否定をとってさらに関数全体を否定した結果として得られる新たな関数 f_2 が存在する」

がある．これは，すでに述べた双対性「ある論理関係式の論理和と論理積〜」を別の角度から表現したものである点に注意する必要がある．たとえば，
$$f_1 = \bar{A} \cdot B + A \cdot \bar{B} \quad f_2 = \overline{\overline{\bar{A} \cdot B} + \overline{A \cdot \bar{B}}} = \overline{\overline{\bar{A} \cdot B} \cdot \overline{A \cdot \bar{B}}} = (\bar{A} + B) \cdot (A + \bar{B})$$
となる．この結果から，関数 f_1 の積を和および和を積に置き換えたものが関数 f_2 となっていることがわかる．

例題 2.11 次の論理関係式から双対性に従って新たな関係式を導け．
$$A \cdot B + \bar{A} \cdot \bar{B} = \overline{A \cdot \bar{B} + \bar{A} \cdot B}$$

解 左右両辺において和と積を入れ換えると，
左辺 $(A + B) \cdot (\bar{A} + \bar{B}) = A \cdot \bar{B} + \bar{A} \cdot B$
右辺 $\overline{(A + \bar{B}) \cdot (\bar{A} + B)} = \overline{A \cdot B + \bar{A} \cdot \bar{B}}$ [終]

次に，双対性に従って新たに生成した論理関数が，元の論理関数と等しくなる場合と異なる場合のあることを述べる．すなわち，次の論理関数 f_1 とその双対である f_2 において，

$$f_1 = A \cdot B + B \cdot C + C \cdot A$$
$$f_2 = (A+B) \cdot (B+C) \cdot (C+A) = A \cdot B + B \cdot C + C \cdot A = f_1$$

となる．このような $f_1 = f_2$ の関係は双対性の特別な場合であり，「自己双対関数」(self dual function) であるという．一方，次の場合はどうであろうか．

$$f_1 = A \cdot B + \bar{B} \cdot \bar{C} + \bar{C} \cdot A$$
$$f_2 = (A+B) \cdot (\bar{B}+\bar{C}) \cdot (\bar{C}+A) = A + B \cdot \bar{C} \neq f_1$$

となる．このような $f_1 \neq f_2$ の関係は「非自己双対関数」(self anti-dual function) であるという．

例題 2.12 次の論理関数 f_1，g_1 が自己双対関数か非自己双対関数であるか答えよ．

$$f_1 = A \cdot \bar{B} + \bar{B} \cdot C + A \cdot C$$
$$g_1 = A \cdot \bar{B} + \bar{A} \cdot B + C$$

解 双対の関係から式の展開をすると次の f_2，g_2 が得られる．その結果，f_1 が自己双対関数であり，g_1 が非自己双対関数であることがわかる．

$$f_2 = (A+\bar{B}) \cdot (\bar{B}+C) \cdot (A+C) = A \cdot \bar{B} + A \cdot C + \bar{B} \cdot C = f_1$$
$$g_2 = (A+\bar{B}) \cdot (\bar{A}+B) \cdot C = (A \cdot B + \bar{A} \cdot \bar{B}) \cdot C \neq g_1 \qquad [終]$$

2.8 ブール代数

ライプニッツ (G. W. Leibniz, 1646) によって産み出された「記号論理」(symbolic logic) という考え方は，後に，ブール (G. Bool, 1815) によって見直された．いわば，抽象的な概念を記号で表し，それら記号間の関係を扱う分野である．たとえば，「もし A が真で B が偽ならば，(A または B) = 真であり，(A かつ B) = 偽である」のように考える．2 値の倫理演算を代数的に扱った「ブール代数」(Boolean algebra) の公式から，必要と思われる部分を抜き出して以下に示す．その他，演算の優先順位が NOT → AND → OR の順であること，通分や移項の演算ができないことなど，通常の代数と異なっている点に注意を要する．なお，本書では Sheffer's stroke ($x_1 | x_2$：積の否定) や Pierce's operator ($x_1 \| x_2$：和の否定) などの表記法は用いないこととする．

- $A+\overline{A}=1 \quad A\cdot\overline{A}=0$ …相補則
- $A+A+\cdots=A \quad A\cdot A\cdots=A$ …ベキ等則
- $A+(B+C)=(A+B)+C \quad A\cdot(B\cdot C)=(A\cdot B)\cdot C$ …結合則
- $A+B\cdot C=(A+B)\cdot(A+C)$
  $A\cdot(B+C)=(A\cdot B)+(A\cdot C)$ …分配則
- $A+\overline{A}\cdot B=A+B \quad \overline{A}+A\cdot B=\overline{A}+B$
  $(A+B)\cdot(\overline{A}+C)=A\cdot C+\overline{A}\cdot B$ …吸収則

上記のうちで，吸収則2種類の証明を以下に示す．それ以外の証明は読者が試みられたい．

$$A+\overline{A}\cdot B = A\cdot(1+B)+\overline{A}\cdot B = A+A\cdot B+\overline{A}\cdot B = A+B = 右辺$$

$$(A+B)\cdot(\overline{A}+C) = A\cdot C+\overline{A}\cdot B+B\cdot C$$
$$= A\cdot C+\overline{A}\cdot B+B\cdot C\cdot(A+\overline{A})$$
$$= A\cdot C+\overline{A}\cdot B+A\cdot B\cdot C+\overline{A}\cdot B\cdot C$$
$$= A\cdot C\cdot(1+B)+\overline{A}\cdot B\cdot(1+C)$$
$$= A\cdot C+\overline{A}\cdot B = 右辺$$

なお，ここで定義された2進数に基づく基本演算は，否定を含む和集合と積集合の概念に限られるため，減算や除算などの算術演算を定義していない．その背景として減算の例をあげると，A の論理否定を普通の代数式で表現した後にそれを論理和へ適用させると，

$$\overline{A}=1-A \quad A\cup B=\overline{\overline{A}\cdot\overline{B}}=1-(1-A)\cdot(1-B)=A+B-A\cdot B$$

となる．同様にして，すべての論理関数は一意に通常の代数扱いとすることができ，代数表示による論理関数の対等性を調べる手段となり得よう．ただし，この例に見られるように余分な項が生じる結果，論理演算と算術演算の間での互換性をとる必要があり，煩雑となることが予想される（本書では扱わない）．

例題 2.13 $A\cdot B+\overline{A}\cdot\overline{B}=\overline{A\oplus B}$ が成り立つことを論理式の展開によって確かめよ．

解 左辺 $=\overline{\overline{A\cdot B}\cdot\overline{\overline{A}\cdot\overline{B}}}=\overline{(\overline{A}+\overline{B})\cdot(A+B)}=\overline{\overline{A}\cdot B+A\cdot\overline{B}}=$ 右辺 ［終］

例題 2.14 次の分配則2例において OR 演算を EOR 演算に置き換えても成り立つであろうか．

$$A\cdot(B+C)=(A\cdot B)+(A\cdot C), \quad A+(B\cdot C)=(A+B)\cdot(A+C)$$

[解] 前者は成り立つが後者は成り立たない．
$A \cdot (B \oplus C) = (A \cdot B) \oplus (A \cdot C)$
左辺 $= A \cdot (\overline{B} \cdot C + B \cdot \overline{C}) = A \cdot \overline{B} \cdot C + A \cdot B \cdot \overline{C}$
右辺 $= \overline{A \cdot B} \cdot A \cdot C + A \cdot B \cdot \overline{A \cdot C} = (\overline{A} + \overline{B}) \cdot A \cdot C + A \cdot B \cdot (\overline{A} + \overline{C})$
　　　$= A \cdot \overline{B} \cdot C + A \cdot B \cdot \overline{C} = $ 左辺
$A \oplus (B \cdot C) = (A \oplus B) \cdot (A \oplus C)$
左辺 $= A \cdot \overline{B \cdot C} + \overline{A} \cdot B \cdot C$
右辺 $= (A \cdot \overline{B} + \overline{A} \cdot B) \cdot (A \cdot \overline{C} + \overline{A} \cdot C) = \overline{A} \cdot B \cdot C + A \cdot \overline{B} \cdot \overline{C} \neq $ 左辺　　[終]

例題 2.15 次の論理式を簡単化せよ．
$f = (A+B+C) \cdot (A+B+\overline{C}) \cdot (\overline{A}+B+C) \cdot (\overline{A}+\overline{B}+C)$

[解] 分配則を適用させて整理すると次のようになる．
$(A+B+C) \cdot (A+B+\overline{C}) = (A+B)$
$(\overline{A}+B+C) \cdot (\overline{A}+\overline{B}+C) = (\overline{A}+C)$
∴　$f = (A+B) \cdot (\overline{A}+C)$　または　$\overline{A} \cdot B + C \cdot A$　　[終]

例題 2.16 次の論理演算が成り立つことを確かめよ．
$A \oplus B \oplus A \cdot B = A + B$

[解] 左辺 $= (A \cdot \overline{B} + \overline{A} \cdot B) \oplus A \cdot B = (A \cdot \overline{B} + \overline{A} \cdot B) \cdot \overline{A \cdot B} + \overline{(A \cdot \overline{B} + \overline{A} \cdot B)} \cdot A \cdot B$
　　　$= (A \cdot \overline{B} + \overline{A} \cdot B) \cdot (\overline{A} + \overline{B}) + \overline{A \cdot \overline{B}} \cdot \overline{\overline{A} \cdot B} \cdot A \cdot B$
　　　$= \overline{A} \cdot B + A \cdot \overline{B} + (A \cdot B + \overline{A} \cdot B) \cdot A \cdot B$
　　　$= A \cdot \overline{B} + \overline{A} \cdot B + A \cdot B = A + B = $ 右辺　　[終]

例題 2.17 図 2.22 から論理式を導いて，それを簡単化せよ．

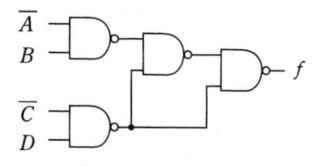

図 2.22　論理回路図

[解] 回路図から式を導いた後に，論理展開して簡単化すると次のようになる．
$f = \overline{\overline{\overline{A} \cdot B} \cdot \overline{\overline{C} \cdot D}} \cdot \overline{\overline{C} \cdot D} = \overline{(A+\overline{B}) \cdot (C+\overline{D})} \cdot (C+\overline{D})$
　$= (A+\overline{B}) \cdot (C+\overline{D}) + \overline{C+\overline{D}} = A+\overline{B} + \overline{C+\overline{D}} = A+\overline{B} + \overline{C} \cdot D$　　[終]

例題 2.18 次の論理式をブール代数に従って証明せよ．

(a) $\overline{A} \cdot \overline{C} + B \cdot C = (\overline{A} + C) \cdot (B + \overline{C})$
(b) $\overline{A \cdot B} + A \cdot B \cdot C = \overline{A \cdot B} + C$
(c) $A \cdot \overline{C} + A \cdot B + B \cdot C = A \cdot \overline{C} + B \cdot C$
(d) $\overline{\overline{A} \cdot \overline{C} + B \cdot C} = \overline{A} \cdot \overline{C} + \overline{B} \cdot C$

[解]
(a) 右辺 $= \overline{A} \cdot B + \overline{A} \cdot \overline{C} + B \cdot C = \overline{A} \cdot B(C + \overline{C}) + \overline{A} \cdot \overline{C} + B \cdot C$
$= \overline{A} \cdot B \cdot C + \overline{A} \cdot B \cdot \overline{C} + \overline{A} \cdot \overline{C} + B \cdot C = \overline{A} \cdot \overline{C} + B \cdot C = $ 左辺

(b) 左辺 $= \overline{A \cdot B} \cdot (C+1) + A \cdot B \cdot C = \overline{A \cdot B} \cdot C + \overline{A \cdot B} + A \cdot B \cdot C$
$= C \cdot (\overline{A \cdot B} + A \cdot B) + \overline{A \cdot B} = C + \overline{A \cdot B} = $ 右辺

(c) 左辺 $= A \cdot \overline{C} + A \cdot B \cdot (C + \overline{C}) + B \cdot C = A \cdot \overline{C} + A \cdot B \cdot C + A \cdot B \cdot \overline{C} + B \cdot C$
$= A \cdot \overline{C} \cdot (1+B) + B \cdot C \cdot (1+A) = A \cdot \overline{C} + B \cdot C = $ 右辺

(d) 左辺 $= \overline{\overline{A} \cdot \overline{C}} \cdot \overline{B \cdot C} = (\overline{A} + C) \cdot (\overline{B} + \overline{C})$
$= \overline{A} \cdot \overline{B} + \overline{A} \cdot \overline{C} + \overline{B} \cdot C = \overline{A} \cdot \overline{B} \cdot \overline{C} + \overline{A} \cdot \overline{B} \cdot C + \overline{A} \cdot \overline{C} + \overline{B} \cdot C$
$= \overline{A} \cdot \overline{C} \cdot (\overline{B}+1) + \overline{B} \cdot C \cdot (\overline{A}+1) = \overline{A} \cdot \overline{C} + \overline{B} \cdot C = $ 右辺 [終]

例題 2.19 次の等式が成り立つことを論理式の展開から導け．
$$\overline{\overline{A} \cdot \overline{B} \cdot \overline{C} + A \cdot \overline{B} \cdot D} = \overline{A} \cdot \overline{C} + \overline{A} \cdot D + B \cdot \overline{C} + B \cdot D + C \cdot \overline{D}$$

[解] 左辺 $= \overline{\overline{A} \cdot \overline{B} \cdot \overline{C}} \cdot \overline{A \cdot \overline{B} \cdot D} = (\overline{A} + B + C) \cdot (\overline{A} + B + \overline{D}) = \overline{A} + B + C \cdot \overline{D}$
右辺 $= \overline{A} \cdot \overline{C} + \overline{A} \cdot D + B \cdot \overline{C} + B \cdot D + C \cdot \overline{D} = \overline{A} \cdot (\overline{C} + D) + B \cdot (\overline{C} + D) + C \cdot \overline{D}$
$= (\overline{A} + B) \cdot (\overline{C} + D) + C \cdot \overline{D} = (\overline{A} + B) \cdot \overline{C \cdot \overline{D}} + C \cdot \overline{D} = \overline{A} + B + C \cdot \overline{D} = $ 左辺 [終]

例題 2.20 図 2.23(a), (b) それぞれと等価な論理式を導け．

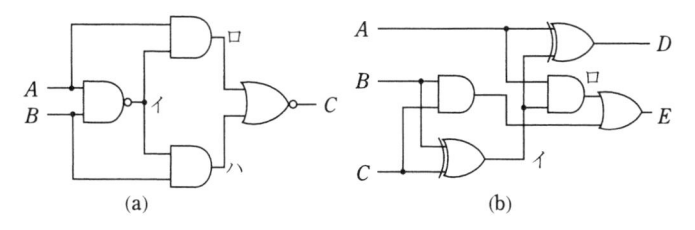

図 2.23 論理回路

[解] 途中経過および出力を示す．
(a) イ：$\overline{A} + \overline{B}$ ロ：$A \cdot \overline{B}$ ハ：$\overline{A} \cdot B$
∴ $C = \overline{A \cdot \overline{B} + \overline{A} \cdot B} = \overline{A \oplus B}$

(b) イ：$B \oplus C$ ロ：$A \cdot (B \oplus C)$

$$\therefore \quad D = A \oplus B \oplus C \qquad E = B \cdot C + A \cdot (B \oplus C)$$

なお，図(b)における出力 E は次式のように展開できる．

$$E = B \cdot C + A \cdot (B \cdot \overline{C} + \overline{B} \cdot C) = B \cdot C + A \cdot B \cdot \overline{C} + A \cdot \overline{B} \cdot C$$
$$= B \cdot (A + C) + A \cdot \overline{B} \cdot C = A \cdot B + (B + A \cdot \overline{B}) \cdot C$$
$$= A \cdot B + (A + B) \cdot C = A \cdot B + B \cdot C + C \cdot A \qquad [\text{終}]$$

例題 2.21 次の論理式について答えよ．(a) $f_1 = f_2$, (b) $f_1 = \overline{f_3}$ となることをブール代数を用いて証明せよ．

$$f_1 = \overline{A} + B + C \cdot \overline{D} \qquad f_2 = \overline{A} \cdot \overline{C} + \overline{A} \cdot D + B \cdot \overline{C} + B \cdot D + C \cdot \overline{D}$$
$$f_3 = A \cdot \overline{B} \cdot \overline{C} + A \cdot \overline{B} \cdot D$$

解 $(\overline{A} + B) = P \quad C \cdot \overline{D} = \overline{\overline{C} + D} = Q$ とおけば，
$f_2 = P \cdot \overline{C} + P \cdot D + Q = (\overline{C} + D) \cdot P + Q = P \cdot \overline{Q} + Q = P + Q$ と書ける．
(a) $P + Q = \overline{A} + B + C \cdot \overline{D} = f_1$
(b) $P + Q = \overline{\overline{P} \cdot \overline{Q}} = \overline{\overline{A} + B} \cdot (\overline{C} + D) = \overline{A \cdot \overline{B} \cdot (\overline{C} + D)} = \overline{A \cdot \overline{B} \cdot \overline{C} + A \cdot \overline{B} \cdot D} = \overline{f_3}$
[終]

例題 2.22 次に示す連立の論理方程式を解け（ここで，変数の種類が式の数より多い点に注意せよ）．

(a) $\begin{cases} \overline{A} + A \cdot B = 0 \\ A \cdot B = A \cdot C \end{cases}$ (b) $\begin{cases} \overline{A} + A \cdot B = 0 \\ A \cdot B = A \cdot C \\ A \cdot C + A \cdot \overline{B} + C \cdot D = \overline{B} \cdot D \end{cases}$

解 (a) $\overline{A} + A \cdot B = 0$ より $\overline{A} + B = 0$ となる．したがって，$(A=1) \cap (B=0)$ となり，この結果と $A \cdot B = A \cdot C$ の関係より $C = 0$ となることがわかる．ゆえに，$A = 1$, $B = 0$, $C = 0$ を得る．
(b) 3式の内で2式を連立させた問(a)より，$A = 1$, $B = 0$, $C = 0$ がすでに求まっているので，これらを第3式に代入する．すなわち，$A \cdot C + A \cdot \overline{B} + C \cdot D = \overline{B} \cdot D$ より $0 + 1 + 0 = D$．したがって，$D = 1$ となり，$A = 1$, $B = 0$, $C = 0$, $D = 1$ を得る．
[終]

2.9 加/減算器

コンピュータが算術演算をするために必要な加/減算器を以下に説明する．

2.9.1 半加算器(half adder)

これは，2入力 X, Y の演算結果が2進数の算術加算に相当する演算装置である．1桁(ビット)単位の演算を行って上位への桁上げ処理が可能であり，下位からの「桁上げ」を取り込む機能がないため半人前である「半」の接頭語がつけられた．和を (S)，桁上げを (C_o) とすれば，真理値表，論理式および回路図は以下のとおりとなる (HA＝half adder)．

表 2.14 真理値表

X	Y	C_o	S
0	0	0	0
0	1	0	1
1	0	0	1
1	1	1	0

$S = \overline{X} \cdot Y + X \cdot \overline{Y}$
$C_o = X \cdot Y$

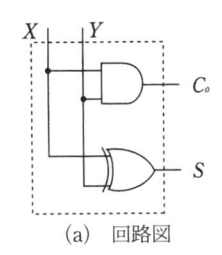

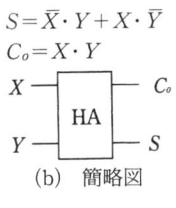

(a) 回路図　　(b) 簡略図

図 2.24 半加算器

例題 2.23 半加算器において和 S を上記とは異なった論理式で表現し，それらを素子数の観点から比較せよ．

解
$$S = (X+Y) \cdot (\overline{X} + \overline{Y}) = \overline{\overline{X+Y} + \overline{\overline{X}+\overline{Y}}} = \overline{\overline{X+Y} + X \cdot Y} = (X+Y) \cdot \overline{X \cdot Y}$$

$\begin{cases} \overline{X} \cdot Y + X \cdot \overline{Y} \; : \text{NOT} \times 2, \text{AND} \times 2, \text{OR} \times 1 = 素子数 5 個 \\ (X+Y) \cdot \overline{X \cdot Y} \; : \text{OR} \times 1, \text{NAND} \times 1, \text{AND} \times 1 = 素子数 3 個 \end{cases}$ ［終］

2.9.2 全加算器(full adder)

半加算器の不備な点である下位からの桁上げ機能を組み込んだ演算装置であり，その意味で「全」の接頭語が付けられた．和を (S)，上位への桁上げを (C_o)，下位からの桁上げを (C_i) とすれば，真理値表，論理式はそれぞれ次のようになる (表2.15)．

$$S = \overline{C_i} \cdot \overline{X} \cdot Y + \overline{C_i} \cdot X \cdot \overline{Y} + C_i \cdot \overline{X} \cdot \overline{Y} + C_i \cdot X \cdot Y$$
$$= \overline{C_i} \cdot (X \oplus Y) + C_i \cdot \overline{(X \oplus Y)}$$
$$= C_i \oplus X \oplus Y$$
$$C_o = \overline{C_i} \cdot X \cdot Y + C_i \cdot \overline{X} \cdot Y + C_i \cdot X \cdot \overline{Y} + C_i \cdot X \cdot Y$$
$$= C_i \cdot X \cdot \overline{Y} + (\overline{C_i} \cdot X + C_i \cdot \overline{X} + C_i \cdot X) \cdot Y$$
$$= C_i \cdot X \cdot \overline{Y} + (C_i + X) \cdot Y$$
$$= C_i \cdot X \cdot \overline{Y} + C_i \cdot Y + X \cdot Y$$

表 2.15 真理値表

C_i	X	Y	C_o	S
0	0	0	0	0
0	0	1	0	1
0	1	0	0	1
0	1	1	1	0
1	0	0	0	1
1	0	1	1	0
1	1	0	1	0
1	1	1	1	1

$$= C_i \cdot (X+Y) + X \cdot Y \quad \text{または} \quad C_i \cdot X + C_i \cdot Y + X \cdot Y$$

なお，C_o を別の表現にすれば，

$$C_o = (\overline{C_i} + C_i) \cdot X \cdot Y + C_i \cdot (\overline{X} \cdot Y + X \cdot \overline{Y}) = X \cdot Y + C_i \cdot (X \oplus Y)$$

となる．図 2.25 に半加算器を活用して全加算器を構成した回路図を示す．

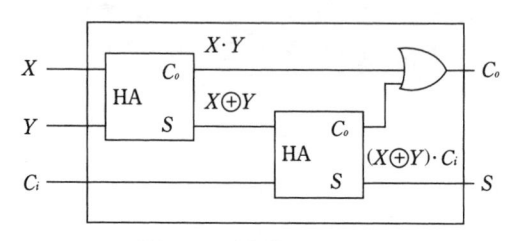

図 2.25　全加算器の回路図

2.9.3　半減算器

補数を求めて加算を行うことにより減算が代替できる考え方をすでに述べた．したがって，コンピュータの構成要素として減算専用のハードウェアをもたないコンピュータも多く存在する．一方，処理速度を速めるために補数を用いないで直接に減算を行う方法が考えられる．差分 $D = X - Y$ とした算術演算およびそのハードウェア回路の設計を考えよう（ここでは 2 進符号を補数表示せずにすべて正数扱いとする）．

まず，$D = X - Y$（被減数 X，減数 Y）の算術演算を行う場合を述べる．ただし，引けないときは上位桁からの「借り」(borrow) B_i が発生する場合であるとして減算を行い，その旨を上位桁へ知らせればよい．この減算器は，下位桁への「貸し」の機能を考慮していない点で不備があり，「半」の接頭語がついている．表 2.16 より論理式を導くと次のようになり，その回路図は図 2.26 のようになる．

$$B_i = \overline{X} \cdot Y \qquad D = X \oplus Y$$

表 2.16　真理値表

X	Y	B_i	D
0	0	0	0
0	1	1	1
1	0	0	1
1	1	0	0

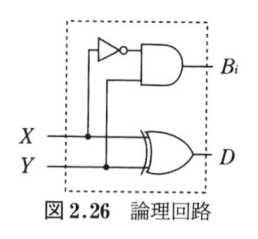

図 2.26　論理回路

2.9.4 全減算器

再び，$D = X - Y$（被減数 X，減数 Y）の算術演算を行う場合を考える．ここでは，半減算器の不備な点である下位桁への「貸し」B_o 機能が考慮されている．B_o または $B_i = \{0, 1\}$ が事象の発生 $= \{$しない, する$\}$ とすれば，ビットごとに必要に応じた「貸し」や「借り」が生じている様子を次の二例でみることができる．これらは，全加算器の上位への桁上げや下位からの桁上げに類似した動作であるといえる．具体的な 2 進減算と 10 進減算の例を次に示す．

```
                           1̂1̂0              203
                        −) 011           −) 054
                           011 … D …      149
(110)₂−(011)₂=(011)₂       110 … B_o …    110      203−54=149
                           011 … B_i …    011
                          2 進数          10 進数
```

（借り/貸しの発生例）

例題 2.24 次に示す 2 進数の算術減算
$$X - Y = (1000)_2 - (11)_2 = (101)_2$$
の場合において，「借り」B_i や「貸し」B_o の発生する状況を示せ．

解 $D = X - Y$ とおけば，

```
   1000
−) 0011
   0101 … 結果 (D)
   1110 … 貸し (B_o)
   0111 … 借り (B_i)
```
[終]

全減算器の真理値表と論理式を次に示す（表 2.17）．表中の①，②，③は，後述にある減算値 $D = X - Y$ の経過を補足説明するためである．すなわち，

表 2.17 真理値表

X	Y	B_o	B_i	D	
0	0	0	0	0	
0	1	0	1	1	
1	0	0	0	1	
1	1	0	0	0	
0	0	1	1	1	…①
0	1	1	1	0	…②
1	0	1	0	0	
1	1	1	1	1	…③

(表の補足説明)

①   0 X
 $-)$ 0 Y
      1   $D=(10+0)_2-(0+1)_2=(1)_2$

②   0 X
 $-)$ 1 Y
      0   $D=(10+0)_2-(1+1)_2=(0)_2$

③   1 X
 $-)$ 1 Y
      1   $D=(10+1)_2-(1+1)_2=(1)_2$

① 「貸し」があり X を使いたいが値は0である．したがって，上位桁から「借り」が生じて一部を「貸し」に．一部を減算に用いて $(B_i)+X-Y-(B_o)=(10)_2+0-0-1=1$ となる．

② 「貸し」があり $X=0$ のために上位桁から「借り」が発生する．したがって，$(B_i)+X-Y-(B_o)=(10)_2+0-1-1=0$ となる．

③ 「貸し」があり $X=1$ をそれに割り当てる．したがって，X は0となって $X<Y$ となるため，「借り」が生じて $(B_i)+X-Y-(B_o)=(10)_2+1-1-1=1$ となる．

全減算器の論理式および回路図は，半減算器2個の組合せによって構成できることがわかる（図2.27）．

$$\begin{cases} B_i = \overline{X}\cdot Y + B_o\cdot(\overline{X\oplus Y}) \\ D = \overline{B_o}\cdot(\overline{X}\cdot Y + X\cdot \overline{Y}) + B_o\cdot(\overline{X}\cdot \overline{Y} + X\cdot Y) = X\oplus Y\oplus B_o \end{cases}$$

B_o：貸し
B_i：借り

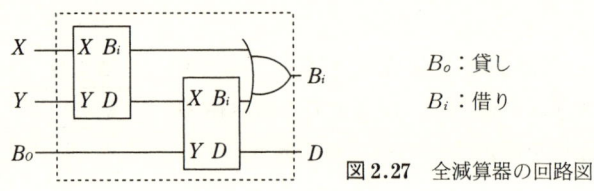

図2.27 全減算器の回路図

例題 2.25 上記に示した全減算器の論理式である，借りと差（B_i と D）の導出過程を表2.17から求めよ．

解 真理値表において1となる部分の入力条件を列記して併合すると，それぞれ以下のようになる（ただし，B_o を B と略記）．なお，B_i の解候補が5種類ありどれが最適かを特定することは難しい（同一の出力値となる論理式が複数個存在することに

注意せよ).

$B_i = \bar{X}\cdot Y\cdot \bar{B}+\bar{X}\cdot \bar{Y}\cdot B+\bar{X}\cdot Y\cdot B+X\cdot Y\cdot B = \bar{X}\cdot Y+(\overline{X\oplus Y})\cdot B$

または　$\bar{X}\cdot(Y\oplus B)+Y\cdot B$　または　$Y\cdot(\overline{X\oplus B})+\bar{X}\cdot B$

さらに　$(\bar{X}\cdot Y\cdot \bar{B}+\bar{X}\cdot Y\cdot B)+(\bar{X}\cdot \bar{Y}\cdot B+\bar{X}\cdot Y\cdot B)+(X\cdot Y\cdot B+\bar{X}\cdot Y\cdot B)$

$= \bar{X}\cdot Y+\bar{X}\cdot B+Y\cdot B$　　または　　$\bar{X}\cdot Y+(\bar{X}+Y)\cdot B$

$D = \bar{X}\cdot Y\cdot \bar{B}+X\cdot \bar{Y}\cdot \bar{B}+\bar{X}\cdot \bar{Y}\cdot B+X\cdot Y\cdot B$

$= (\bar{X}\cdot Y+X\cdot \bar{Y})\cdot \bar{B}+(X\cdot Y+\bar{X}\cdot \bar{Y})\cdot B = (X\oplus Y)\cdot \bar{B}+(\overline{X\oplus Y})\cdot B$

$= X\oplus Y\oplus B$　　　　　　　　　　　　　　　　　　　　　[終]

3章　組合せ論理回路

「組合せ論理回路」は，すでに述べた論理素子を組み合わせてさまざまな機能をもたせたディジタル回路である．ただし，回路内に記憶素子を全く含んでいないために，対応する出力状態は入力がある間だけに限られている．

3.1　主加法/主乗法表現

まず，加法の世界と乗法の世界との関係を眺めてみよう．例として，2変数 A, B と3変数 D, E, F の場合をそれぞれ図3.1に示す．図の各接点において，○印は $A+B$ および $D+E+F$ を，●印は $\overline{A}\cdot\overline{B}$ および $\overline{D}\cdot\overline{E}\cdot\overline{F}$ をそれぞれ意味する．ここで，図中の任意の接点を●印(乗法)で指定するかわりに背景である○(加法)で指定しても同じことであり，また，その逆も成り立つ．

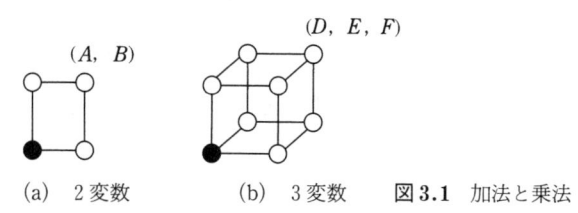

(a)　2変数　　(b)　3変数　　図3.1　加法と乗法

3.1.1　主加法標準形

ド・モルガンの定理は論理和と論理積との相互変換を行う手段であり，和形式と積形式の論理式が双対の関係となっていることをすでに述べた．ここで，1変数 A をもつ論理関数 $f_{(A)}$ を考えると，

$$f_{(A)} = f_{(0)} \cdot \overline{A} + f_{(1)} \cdot A \quad (ただし，A=\{0, 1\})$$

と表すことができる(シャノンの展開定理ともいう)．この表現は $A=0$，および $A=1$ の場合に左右両辺が等しいことから関数式として成立している．次に，2変数 A, B をもつ論理関数 $f_{(A,B)}$ へ拡張することを考えると，

$$f_{(A,B)} = f_{(0,B)} \cdot \overline{A} + f_{(1,B)} \cdot A$$
$$= (f_{(0,0)} \cdot \overline{B} + f_{(0,1)} \cdot B) \cdot \overline{A} + (f_{(1,0)} \cdot \overline{B} + f_{(1,1)} \cdot B) \cdot A$$

$$= f_{(0,0)} \cdot \overline{A} \cdot \overline{B} + f_{(0,1)} \cdot \overline{A} \cdot B + f_{(1,0)} \cdot A \cdot \overline{B} + f_{(1,1)} \cdot A \cdot B$$

と表すことができ，一般に n 変数の場合へも拡張することができる．各積項それぞれが変数名すべてを含んだ和形式の表現は，「主加法標準形」(min-term type expression または principal disjunctive canonical form) とよばれる．ここで，「主」は各項において扱う変数名すべてを含むという意味であり，それぞれの「積項」は最小項 (mini-term) とよばれる (これに対して3.1.2項の「和項」は最大項とよばれる)．たとえば，2変数の場合を取り上げると，表3.1(a)，(b) から導いた論理式は，「積項の和」として次のように表現できる．

表 3.1 真理値表

(a)			(b)		
A	B	$f_{(A,B)}$	A	B	$f_{(A,B)}$
0	0	0	0	0	0
0	1	1	0	1	1
1	0	1	1	0	1
1	1	0	1	1	1

(a) $f_{(A,B)} = f_{(0,1)} \cdot \overline{A} \cdot B + f_{(1,0)} \cdot A \cdot \overline{B} = \overline{A} \cdot B + A \cdot \overline{B}$

(b) $f_{(A,B)} = f_{(0,1)} \cdot \overline{A} \cdot B + f_{(1,0)} \cdot A \cdot \overline{B} + f_{(1,1)} \cdot A \cdot B = \overline{A} \cdot B + A \cdot \overline{B} + A \cdot B$

表(a)の例では，最小項が $\overline{A} \cdot B$ と $A \cdot \overline{B}$ になっているが，場合により同一の機能を示す論理式の記述がただ一つとは限らない点に注意を要する．たとえば，表(b)の $\overline{A} \cdot B + A \cdot \overline{B} + A \cdot B$ は，$A + \overline{A} \cdot B$，$A \cdot A + \overline{A} \cdot B$，$A + B$ などと変形できる．ただし，真理値表の出力値が"1"となっている箇所と論理式の各項とが対応するような記述は $\overline{A} \cdot B + A \cdot \overline{B} + A \cdot B$ だけである．すなわち主加法標準形は，真理値表と等価に置き換えることができる唯一の論理表現であり，その名が示す通り標準形として意味をもつ．なお，$f_{(A,B)} = A + B$ のように簡単化された論理式は，単に「加法標準形」とよばれて区別される．

例題 3.1 2変数 A，B をもつ論理関数 $f_{(A,B)}$ は次のように書ける．この等式が成り立つことを証明せよ．

$$f_{(A,B)} = f_{(0,0)} \cdot \overline{A} \cdot \overline{B} + f_{(0,1)} \cdot \overline{A} \cdot B + f_{(1,0)} \cdot A \cdot \overline{B} + f_{(1,1)} \cdot A \cdot B$$

解 左辺と右辺の2変数 (A, B) にそれぞれ $(0, 0)$，$(0, 1)$，$(1, 0)$，$(1, 1)$ を代入して等式が成り立つことを示せばよい．たとえば，$(A, B) = (0, 0)$ の時，

右辺 $= f_{(0,0)} \cdot \overline{0} \cdot \overline{0} + f_{(0,1)} \cdot \overline{0} \cdot 0 + f_{(1,0)} \cdot 0 \cdot \overline{0} + f_{(1,1)} \cdot 0 \cdot 0 = f_{(0,0)} =$ 左辺

となり，他の組合せ $(0, 1)$，$(1, 0)$，$(1, 1)$ に対しても同様に成り立つ． [終]

一般に，2変数以上の論理関数 $f_{(\ )}$ が次の形に展開できることを証明してみよう．

$$f_{(x_1,\ldots,x_i,\ldots,x_n)} = (\bar{x}_i \cdot f_{(x_1,\ldots,0,\ldots,x_n)}) + (x_i \cdot f_{(x_1,\ldots,1,\ldots,x_n)})$$

この式において，$x_i = \{0, 1\}$ をそれぞれの式中に置き換えると，等式の成り立つことがわかるであろう．

$x_i = 0$：右辺 $= 0 \cdot f_{(x_1,\ldots,1,\ldots,x_n)} + \bar{0} \cdot f_{(x_1,\ldots,0,\ldots,x_n)} = f_{(x_1,\ldots,0,\ldots,x_n)} =$ 左辺

$x_i = 1$：右辺 $= 1 \cdot f_{(x_1,\ldots,1,\ldots,x_n)} + \bar{1} \cdot f_{(x_1,\ldots,0,\ldots,x_n)} = f_{(x_1,\ldots,1,\ldots,x_n)} =$ 左辺

例題 3.2 次の論理式を主加法標準形に変形せよ．
(a) $f = \bar{A} \cdot B + A \cdot C$ (b) $f = \bar{A} \cdot \bar{C} + B \cdot C$

解
(a) 右辺 $= \bar{A} \cdot B \cdot (C + \bar{C}) + A \cdot (B + \bar{B}) \cdot C$
$= \bar{A} \cdot B \cdot C + \bar{A} \cdot B \cdot \bar{C} + A \cdot B \cdot C + A \cdot \bar{B} \cdot C$
(b) 右辺 $= \bar{A} \cdot (B + \bar{B}) \cdot \bar{C} + (A + \bar{A}) \cdot B \cdot C$
$= A \cdot B \cdot C + \bar{A} \cdot B \cdot C + \bar{A} \cdot B \cdot \bar{C} + \bar{A} \cdot \bar{B} \cdot \bar{C}$ 　［終］

例題 3.3 次の論理式を主加法標準形に変形せよ．
(a) $f = A_1 \cdot \bar{B}_1 + A_0 \cdot \bar{B}_1 \cdot \bar{B}_0 + A_1 \cdot A_0 \cdot \bar{B}_0$
(b) $f = \bar{A}_1 \cdot B_1 + \bar{A}_0 \cdot B_1 \cdot B_0 + \bar{A}_1 \cdot \bar{A}_0 \cdot B_0$

解 各項がすべての変数を含むように，$(A_0 + \bar{A}_0)$，$(A_1 + \bar{A}_1)$，$(B_0 + \bar{B}_0)$，$(B_1 + \bar{B}_1)$ のなかから選んで項に乗じて整理すると次を得る．
(a) $f = \bar{A}_1 \cdot A_0 \cdot \bar{B}_1 \cdot \bar{B}_0 + A_1 \cdot A_0 \cdot \bar{B}_1 \cdot \bar{B}_0 + A_1 \cdot \bar{A}_0 \cdot \bar{B}_1 \cdot B_0$
$+ A_1 \cdot A_0 \cdot \bar{B}_1 \cdot \bar{B}_0 + A_1 \cdot A_0 \cdot \bar{B}_1 \cdot B_0 + A_1 \cdot A_0 \cdot B_1 \cdot \bar{B}_0$
(b) $f = \bar{A}_1 \cdot \bar{A}_0 \cdot B_1 \cdot B_0 + \bar{A}_1 \cdot \bar{A}_0 \cdot B_1 \cdot B_0 + \bar{A}_1 \cdot \bar{A}_0 \cdot B_1 \cdot B_0$
$+ \bar{A}_1 \cdot A_0 \cdot B_1 \cdot \bar{B}_0 + \bar{A}_1 \cdot A_0 \cdot B_1 \cdot B_0 + A_1 \cdot \bar{A}_0 \cdot B_1 \cdot B_0$ 　［終］

3.1.2 主乗法標準形

すでに述べた1変数の論理関数

$$f_{(A)} = f_{(0)} \cdot \bar{A} + f_{(1)} \cdot A$$

において $f_{(\ )}$ を $\bar{f}_{(\ )}$ に書き直してみる．すなわち，

$$\bar{f}_{(A)} = \bar{f}_{(0)} \cdot \bar{A} + \bar{f}_{(1)} \cdot A = \overline{f_{(0)} + A} + \overline{f_{(1)} + \bar{A}} = \overline{(f_{(0)} + A) \cdot (f_{(1)} + \bar{A})}$$

$$\therefore \quad f_{(A)} = (f_{(0)} + A) \cdot (f_{(1)} + \bar{A})$$

となり，$A = 0, 1$ を代入すれば

$$\begin{cases} A=0：\text{左辺}=f_{(0)} & \text{右辺}=(f_{(0)}+0)\cdot(f_{(1)}+\bar{0})=f_{(0)} \\ A=1：\text{左辺}=f_{(1)} & \text{右辺}=(f_{(0)}+1)\cdot(f_{(1)}+\bar{1})=f_{(1)} \end{cases}$$

のように等式の成り立っていることがわかる．この類推として，主加法標準形の2変数関数である $f_{(A,B)}$ のかわりに $\bar{f}_{(A,B)}$ とおけば，

$$\begin{aligned} \bar{f}_{(A,B)} &= (\bar{f}_{(0,0)}\cdot\bar{A}\cdot\bar{B}+\bar{f}_{(0,1)}\cdot\bar{A}\cdot B)+(\bar{f}_{(1,0)}\cdot A\cdot\bar{B}+\bar{f}_{(1,1)}\cdot A\cdot B) \\ &= \overline{f_{(0,0)}+A+B}+\overline{f_{(0,1)}+A+\bar{B}}+\overline{f_{(1,0)}+\bar{A}+B}+\overline{f_{(1,1)}+\bar{A}+\bar{B}} \\ &= \overline{(f_{(0,0)}+A+B)\cdot(f_{(0,1)}+A+\bar{B})\cdot(f_{(1,0)}+\bar{A}+B)\cdot(f_{(1,1)}+\bar{A}+\bar{B})} \end{aligned}$$

$$\therefore \quad f_{(A,B)} = (f_{(0,0)}+A+B)\cdot(f_{(0,1)}+A+\bar{B})\cdot(f_{(1,0)}+\bar{A}+B)\cdot(f_{(1,1)}+\bar{A}+\bar{B})$$

を得る．この式は「和項の積」として表現したもので，「主乗法標準形」(max-term type expression または principal conjunctive canonical form) とよばれる．「和項」それぞれの( )内に変数名をすべて含んだ項を最大項(max-term)といい，変数名のすべてを含まない簡単化された集合の表現は単に乗法標準形といって区別される．論理式の表現を「積項の和」形式にすべきか「和項の積」形式にすべきかは一概にいえない．ただし，真理値表において，"1"として出力すべき項の総数が"0"としてのそれより多い場合は「和項の積」，それ以外は「積項の和」とすれば扱いやすい．たとえば，表3.2を用いた積項と和項とを考える．

出力 $f_{(\ )}$ が"1"となる入力条件を抜き出して

$$f_{(A,B)} = \bar{A}\cdot\bar{B}+\bar{A}\cdot B+A\cdot B = \bar{A}+B$$

を得る．一方，出力が"0"となる項 $f_{(1,0)}$ の入力条件を抜き出して

$$f_{(A,B)} = (f_{(1,0)}+\bar{A}+B) = (0+\bar{A}+B) = \bar{A}+B$$

を得る．どちらの表記法に従っても得られる結果は同じであることはいうまでもない．

表 3.2　真理値表

A	B	$f_{(A,B)}$
0	0	1
0	1	1
1	0	0
1	1	1

表 3.3　真理値表

X	Y	W	Z
0	0	0	0
0	1	0	1
1	0	0	1
1	1	1	0

例題 3.4　表3.3において論理式を導き出して，主加法および主乗法2種類の標準形に従った表現をせよ．ただし，入力を X，Y，出力を W，Z とする．

[解]

$$\begin{cases} W = X \cdot Y \\ Z = \bar{X} \cdot Y + X \cdot \bar{Y} \end{cases} \quad \text{主加法標準形}$$

$$\begin{cases} W = (X+Y) \cdot (X+\bar{Y}) \cdot (\bar{X}+Y) \quad \text{主乗法標準形} \\ Z = (X+Y) \cdot (\bar{X}+\bar{Y}) \end{cases}$$

[終]

一般に，2変数以上の論理関数 $f_{(\ )}$ が次の形に展開できることを証明してみよう．

$$f_{(x_1,\cdots,x_i,\cdots,x_n)} = (x_i + f_{(x_1,\cdots,0,\cdots,x_n)}) \cdot (\bar{x}_i + f_{(x_1,\cdots,1,\cdots,x_n)})$$

上式において，$x_i = \{0, 1\}$ をそれぞれの式中に置き換えると，等式の成り立つことがわかる．すなわち，

$x_i = 0$: 右辺 $= (0 + f_{(x_1,\cdots,0,\cdots,x_n)}) \cdot (\bar{0} + f_{(x_1,\cdots,1,\cdots,x_n)}) = f_{(x_1,\cdots,0,\cdots,x_n)} =$ 左辺

$x_i = 1$: 右辺 $= (1 + f_{(x_1,\cdots,0,\cdots,x_n)}) \cdot (\bar{1} + f_{(x_1,\cdots,1,\cdots,x_n)}) = f_{(x_1,\cdots,1,\cdots,x_n)} =$ 左辺

例題 3.5 次の論理式を主乗法標準形に変形せよ．

（a）$f_{(A,B,C)} = (\bar{A}+C) \cdot (B+\bar{C})$ （b）$f_{(A,B,C)} = (A+B) \cdot (\bar{A}+C)$

[解] $(X+Y \cdot Z) = (X+Y) \cdot (X+Z)$ という分配則を利用すればよい．

(a) 右辺 $= (\bar{A}+C+B \cdot \bar{B}) \cdot (B+\bar{C}+A \cdot \bar{A})$
$= (\bar{A}+B+C) \cdot (\bar{A}+\bar{B}+C) \cdot (A+B+\bar{C}) \cdot (\bar{A}+B+\bar{C})$

(b) 右辺 $= (A+B) \cdot (\bar{A}+C) = (A+B+C \cdot \bar{C}) \cdot (\bar{A}+C+B \cdot \bar{B})$
$= (A+B+C) \cdot (A+B+\bar{C}) \cdot (\bar{A}+B+C) \cdot (\bar{A}+\bar{B}+C)$

[終]

例題 3.6 論理式 $f = C \cdot (A+B)$ を主乗法標準形で表現せよ．

[解] まず，$f = 0$ に対応する入力値を和項の積で表現する．
$C \cdot (A+B) = A \cdot C + B \cdot C = A \cdot C \cdot (B+\bar{B}) + B \cdot C \cdot (A+\bar{A})$
$= A \cdot B \cdot C + A \cdot \bar{B} \cdot C + \bar{A} \cdot B \cdot C$

展開した式より真理値表を作成して，次式を得る (表 3.4)．

$f = (A+B+C) \cdot (A+B+\bar{C}) \cdot (A+\bar{B}+C) \cdot (\bar{A}+B+C)$
$\cdot (\bar{A}+\bar{B}+C)$

表 3.4 真理値表

$A\,B\,C$	f
0 0 0	0
0 0 1	0
0 1 0	0
0 1 1	1
1 0 0	0
1 0 1	1
1 1 0	0
1 1 1	1

[終]

3.1.3 標準形と論理関数

一般に，二つの論理式が等価であることを証明する方法として，
① 真理値表により出力を比較する，
② 論理式を展開して比較する，
③ 標準形に直して比較する，
④ カルノー図を利用する (3.4 節)，

などが考えられる．もちろん，①〜④の方法を必要に応じて併用してもよく，それらの様子を以下に示す．たとえば，次式において，

$$f_1 = A \cdot B + \overline{A} \cdot C \qquad f_2 = A \cdot B + \overline{A} \cdot C + B \cdot C$$

② を用いると，$f_1 = f_2$ であることがわかる．すなわち，

$$f_1 = A \cdot B + \overline{A} \cdot C \cdot (1 + B) = A \cdot B + \overline{A} \cdot C + \overline{A} \cdot B \cdot C$$
$$= B \cdot (A + \overline{A} \cdot C) + \overline{A} \cdot C = B \cdot (A + C) + \overline{A} \cdot C$$
$$= A \cdot B + \overline{A} \cdot C + B \cdot C = f_2$$

他の証明例として，次式 f_3 と f_4 とが等しくなる変数 A の条件を求める．

$$\begin{cases} f_3 = \overline{A} \cdot \overline{B} \cdot \overline{D} + \overline{A} \cdot \overline{B} \cdot C + \overline{A} \cdot B \cdot D \\ f_4 = (A + B + C + \overline{D}) \cdot (A + \overline{B} + C + D) \cdot (A + \overline{B} + \overline{C} + D) \end{cases}$$

① と ② を併用すると条件つきで成り立つことがわかる．すなわち，

$$f_3 = \overline{A} \cdot (\overline{B} \cdot \overline{D} + \overline{B} \cdot C + B \cdot D)$$
$$f_4 = (A + B \cdot D + C + \overline{B} \cdot \overline{D}) \cdot (A + \overline{B} + \overline{C} + D)$$
$$= A + B \cdot D + \overline{B} \cdot C + C \cdot D + \overline{B} \cdot \overline{D}$$

$A = 1$ の時，上二式は明らかに等しくない．一方，$A = 0$ の時は

$$f_{3(A=0)} = B \cdot D + \overline{B} \cdot C + \overline{B} \cdot \overline{D}$$
$$f_{4(A=0)} = B \cdot D + \overline{B} \cdot C + \overline{B} \cdot \overline{D} + C \cdot D$$

となって，表 3.5 により両式の等しいことを知ることができる．なお，方法 ③ に従って，真理値表のかわりに f_3, f_4 両式を主加法標準形に直した後に比較してみる．すなわち，

$$f_{3(A=0)} = \overline{B} \cdot (C + \overline{C}) \cdot \overline{D} + \overline{B} \cdot C \cdot (D + \overline{D}) + B \cdot (C + \overline{C}) \cdot D$$
$$= B \cdot C \cdot D + B \cdot \overline{C} \cdot D + \overline{B} \cdot C \cdot D + \overline{B} \cdot C \cdot \overline{D} + \overline{B} \cdot \overline{C} \cdot \overline{D}$$
$$f_{4(A=0)} = \overline{B} \cdot (C + \overline{C}) \cdot D + \overline{B} \cdot C \cdot (D + \overline{D}) + \overline{B} \cdot (C + \overline{C}) \cdot \overline{D} + (B + \overline{B}) \cdot C \cdot D$$
$$= B \cdot C \cdot D + B \cdot \overline{C} \cdot D + \overline{B} \cdot C \cdot D + \overline{B} \cdot C \cdot \overline{D} + \overline{B} \cdot \overline{C} \cdot \overline{D}$$

これより $f_{3(A=0)} = f_{4(A=0)}$ となることがわかる．したがって，論理式を単純に一見しただけで両者が等しいかどうかを判断すべきでなく，同じ出力値となる論

表 3.5 真理値表

$ABCD$	$f_{1(A=0)}$	$f_{2(A=0)}$
0 0 0 0	1	1
0 0 0 1	0	0
0 0 1 0	1	1
0 0 1 1	1	1
0 1 0 0	0	0
0 1 0 1	1	1
0 1 1 0	0	0
0 1 1 1	1	1

理式が唯一であるとは限らない点に注意する必要がある．

例題 3.7 次の論理関数 f_1 と f_2 とが等しいことを示せ．
$$f_1 = X + \overline{Y} \cdot Z \qquad f_2 = X \cdot Y + \overline{Y} \cdot Z + \overline{Z} \cdot X$$

[解] 上記に述べた証明方法①〜③を併用する．f_2 に従って真理値表(省略)を作った後に，主乗法標準形へ変形すると
$$f_2 = (X+Y+Z) \cdot (X+\overline{Y}+Z) \cdot (X+\overline{Y}+\overline{Z})$$
を得る．次に，この式を分解して整理すると $f_2 = X + \overline{Y} \cdot Z = f_1$ となる． ［終］

例題 3.8 2 変数の論理関数 $f_1 \sim f_4$ の相互における和または積の論理演算をせよ．

(a) $f_1 = X \cdot Y$ $\qquad f_2 = (X+Y) \cdot (X+\overline{Y}) \cdot (\overline{X}+Y)$
$\quad f_3 = \overline{X} \cdot Y + X \cdot \overline{Y} \qquad f_4 = (X+Y) \cdot (\overline{X}+\overline{Y})$

(b) $f_1 = \overline{A+B}$ $\quad f_2 = \overline{A} \cdot \overline{B}$ $\quad f_3 = \overline{A} + \overline{B}$ $\quad f_4 = \overline{A \cdot B}$

[解] 相互の論理演算を行うと，以下のようになる．なお，(a), (b) 両者とも $f_1 = f_2$ および $f_3 = f_4$ であることはあらかじめわかっている．

(a) $f_1 + f_3 = f_1 + f_4 = f_2 + f_3 = f_2 + f_4 = X + Y$
$\quad f_1 \cdot f_3 = f_1 \cdot f_4 = f_2 \cdot f_3 = f_2 \cdot f_4 = 0$

(b) $f_1 + f_3 = f_2 + f_4 = f_1 + f_4 = f_2 + f_3 = f_3$ または f_4
$\quad f_1 \cdot f_3 = f_1 \cdot f_4 = f_2 \cdot f_3 = f_2 \cdot f_4 = f_1$ または f_2 ［終］

3.2 等価な組合せ回路

論理関数 (a) $f_1 = A \cdot B + B \cdot C + C \cdot A$ および (b) $f_2 = A \cdot B + (A+B) \cdot C$ の

3.2 等価な組合せ回路　47

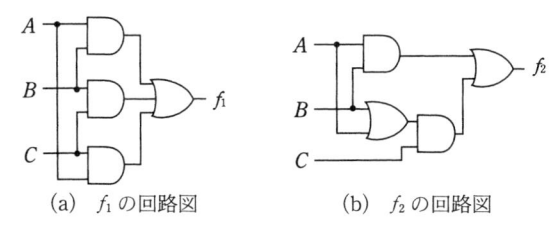

(a) f_1 の回路図　　(b) f_2 の回路図

図 3.2　回路図

回路 (図 3.2) について考える (ここで, $f_1=f_2$ である).

　同じ機能をもった論理回路であっても図のように異なった構成にすることができる. 素子の入力数および段数において, f_1 は 6 入力 2 段構成であり, f_2 は 5 入力 3 段構成である. 入力数が減ると素子の結合に伴う負荷 (付録: ファンアウト) の点で有利となり, 段数が減ると信号の伝ぱん時間の点で有利となるであろう.

　次の例は, 同じ出力をもつ異なった回路表現の論理関数 f についてである. それらは排他的論理和の機能をもち, ド・モルガンの定理を適用して種々の等価な式に変形される. すなわち,

$$f = \overline{\overline{A \cdot \overline{B}} \cdot \overline{\overline{A} \cdot B}} = \overline{\overline{A \cdot B + \overline{A} \cdot \overline{B}}} = \overline{(\overline{A}+B) \cdot (A+\overline{B})} = A \cdot \overline{B} + \overline{A} \cdot B$$

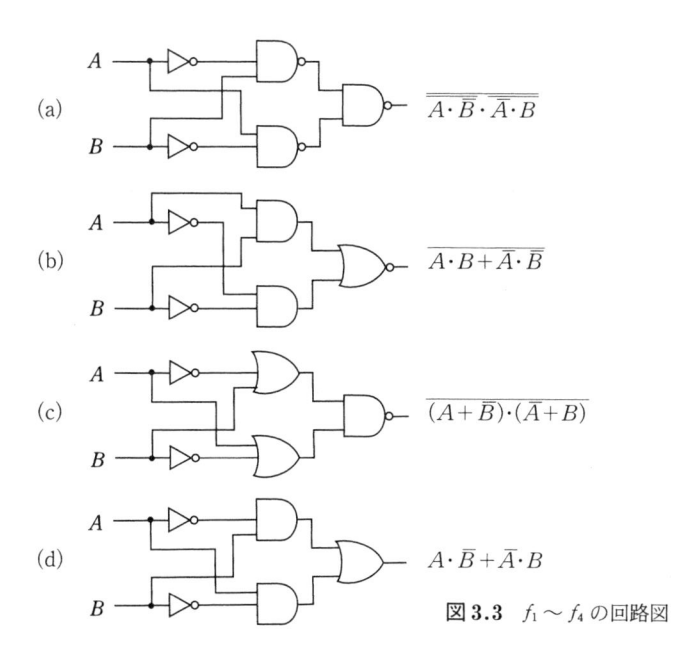

(a) $\overline{\overline{A \cdot \overline{B}} \cdot \overline{\overline{A} \cdot B}}$

(b) $\overline{\overline{A \cdot B} + \overline{\overline{A} \cdot \overline{B}}}$

(c) $\overline{(A+\overline{B}) \cdot (\overline{A}+B)}$

(d) $A \cdot \overline{B} + \overline{A} \cdot B$

図 3.3　$f_1 \sim f_4$ の回路図

であり，図 3.3(a)〜(d) のように異なった表現をすることができる．ただし，(a)〜(d) のいずれがよい表現であるかを単純に比較することはできない．

例題 3.9 回路図 3.4(a)〜(c) それぞれの機能は何であるかを答えよ．

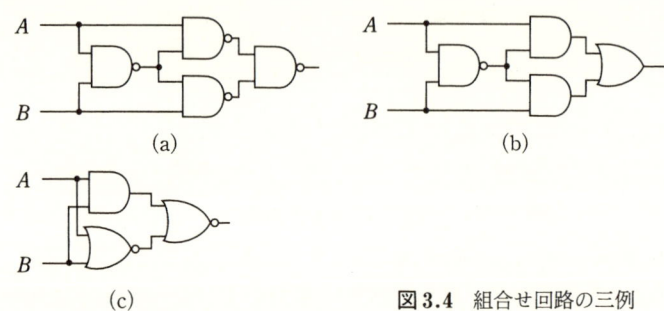

図 3.4 組合せ回路の三例

解 回路図から論理式を導いて出力を求めると，すべて排他的論理和となることがわかる．図 (a) と (b) は対称形であり，図 (c) は最も簡略化された表現法であるといえる．

(a) $\overline{\overline{(A \cdot \overline{A \cdot B}) \cdot (B \cdot \overline{A \cdot B})}} = \overline{A \cdot \overline{B} \cdot \overline{A} \cdot B} = A \oplus B$

(b) $(A \cdot \overline{A \cdot B}) + (B \cdot \overline{A \cdot B}) = A \cdot \overline{B} + \overline{A} \cdot B = A \oplus B$

(c) $\overline{A \cdot B + \overline{(A+B)}} = \overline{A \cdot B} + \overline{A} \cdot \overline{B} = A \oplus B$ ［終］

3.3 AND-OR 回路

組合せ回路として多用されている NAND 演算そのままでは，真理値表との対応がむずかしい，論理演算の展開がむずかしい，加法標準形でない，乗法標準形でない，などの不便さをもっている．NOR 素子にもいえることであるが，異なった変数をまとめて否定する NAND 表現は，ド・モルガンの定理を適用させて加法標準形へ変換する場合があり，AND や OR 機能による組合せ回路への置換えを必要とする（プログラマブル・ロジックアレイ：付録）．たとえば，次の図 3.5(a) から AND-OR 回路へ置換えした図 (b) が得られ，それぞれの出力 f_1 と f_2 を論理式の形でそのまま表現すると，

$$f_1 = \overline{\overline{A \cdot \overline{B} \cdot C} \cdot \overline{D}} \qquad f_2 = (\overline{A} + B) \cdot C + \overline{D}$$

のようになる．式の展開から容易に $f_1 = f_2$ であることがわかる．すなわち，ド・モルガンの定理を適用させて，

3.3 AND-OR 回路

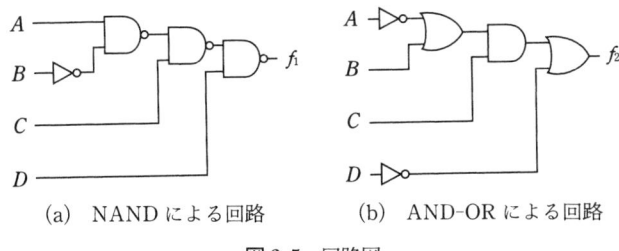

(a) NAND による回路　　(b) AND-OR による回路

図 3.5　回路図

$$f_1 = \overline{\overline{A \cdot \overline{B}} \cdot \overline{C \cdot D}} = \overline{(\overline{A}+B) \cdot \overline{C \cdot D}} = (\overline{A}+B) \cdot C + \overline{D} = f_2$$

となる．一見して，f_1 より f_2 のほうが直感的に馴染みやすいであろう．理由の一つとして，f_1 が NAND（や NOR）に伴う「全体の否定」という表記法に起因していることがあげられる．そこで，f_2 のように（必要に応じて，入力変数の NOT を含めた）AND-OR 回路の表現へ変換して考えることが必要となる．

例題 3.10　NAND（および NOR）で構成した回路と AND-OR で構成した回路との相互変換を，作図に従って示せ．

解　たとえば，NAND の組合せ回路 f_1 または NOR の組合せ回路 f_2 が，ド・モルガンの定理を適用して AND-OR 回路へ変換される様子を図 3.6 から理解することができる．f_1 は AND-OR 積和形の $(A \cdot B + C \cdot D)$ であり，f_2 は和積形の $(A+B) \cdot (C+D)$ である．

図 3.6　AND-OR 回路への変換　　　　　　　　　　［終］

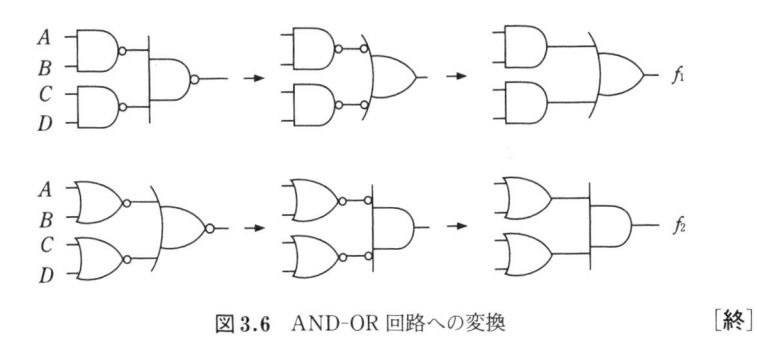

図 3.7 に示すような NAND 回路から AND-OR 回路へ変換する例を述べる．ただし，適宜に入出力の否定を含み，「ファンイン」数や「ファンアウト」数は変えないものとしている．まず，NAND 素子で構成した回路 f_1 と変換して

図3.7 NAND回路からAND-OR回路へ

AND-OR素子で構成した回路 f_2 とにおいて $f_1=\bar{f_2}$ なることを次の論理式の展開から求める．

$$f_1=\overline{\overline{\overline{A\cdot\bar{B}}\cdot\bar{C}\cdot\bar{D}}}=\overline{\overline{(\bar{A}+B)\cdot\bar{C}\cdot\bar{D}}}=\overline{\overline{\bar{A}\cdot\bar{C}+B\cdot\bar{C}\cdot\bar{D}}}$$
$$=\overline{\overline{A}\cdot\bar{C}\cdot B\cdot\bar{C}\cdot\bar{D}}=\bar{A}\cdot\bar{C}+B\cdot\bar{C}+D=(\bar{A}+B)\cdot\bar{C}+D$$

$$\bar{f_2}=\overline{(A\cdot\bar{B}+C)\cdot\bar{D}}=\overline{A\cdot\bar{B}\cdot\bar{D}+C\cdot\bar{D}}=\overline{A\cdot\bar{B}\cdot\bar{D}\cdot C\cdot\bar{D}}$$
$$=(\bar{A}+B+D)\cdot(\bar{C}+D)=\bar{A}\cdot\bar{C}+\bar{A}\cdot D+B\cdot\bar{C}+B\cdot D+\bar{C}\cdot D+D$$
$$=\bar{A}\cdot\bar{C}+B\cdot\bar{C}+D=(\bar{A}+B)\cdot\bar{C}+D$$

次に，図3.8に示すNOR素子で構成した回路 f_3 を変換してAND-OR素子で構成した回路 f_4 とが $f_3=\bar{f_4}$ なることを論理式の展開から求める．

図3.8 NOR回路からAND-OR回路へ

$$f_3=\overline{\overline{\overline{A+\bar{B}+C+\bar{D}}}}=\overline{\overline{\bar{A}\cdot B+C+\bar{D}}}=\overline{\overline{\bar{A}\cdot B\cdot\bar{C}+\bar{D}}}=\overline{\overline{\bar{A}\cdot B\cdot\bar{C}}\cdot D}$$
$$=\overline{(A+\bar{B})\cdot\bar{C}\cdot D}=\overline{A\cdot\bar{C}+\bar{B}\cdot\bar{C}\cdot D}=\overline{A\cdot\bar{C}\cdot\bar{B}\cdot\bar{C}\cdot D}$$
$$=(\bar{A}+C)\cdot(B+C)\cdot D=(\bar{A}\cdot B+\bar{A}\cdot C+B\cdot C+C)\cdot D$$
$$=(\bar{A}\cdot B+C)\cdot D$$

$$\bar{f_4}=\overline{(A+\bar{B})\cdot\bar{C}+\bar{D}}=\overline{A\cdot\bar{C}+\bar{B}\cdot\bar{C}+\bar{D}}=\overline{A\cdot\bar{C}\cdot\bar{B}\cdot\bar{C}\cdot D}$$
$$=(\bar{A}+C)\cdot(B+C)\cdot D=(\bar{A}\cdot B+\bar{A}\cdot C+B\cdot C+C)\cdot D$$
$$=(\bar{A}\cdot B+C)\cdot D$$

なお，f_1 および f_3 の論理式の展開過程からそれぞれ別な回路表現ができることもわかる (図3.9)．

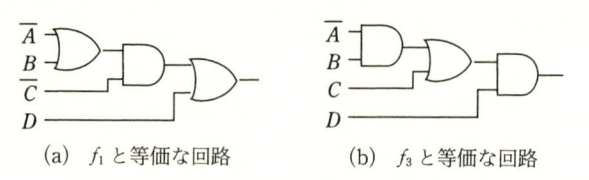

(a) f_1 と等価な回路　　　(b) f_3 と等価な回路

図3.9 回路図

例題 3.11 図3.10(a), (b) をそれぞれ AND-OR 回路に改めよ．

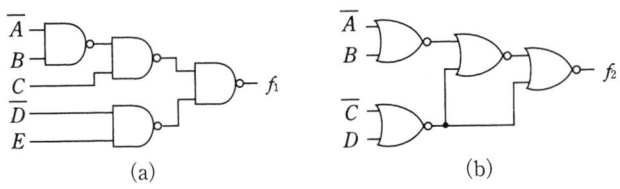

図 3.10 回路図

解 論理式および回路図 3.11 を示す．
(a) $f_1 = \overline{\overline{\overline{A \cdot B} \cdot C \cdot \overline{D} \cdot E}} = \overline{\overline{(A+\overline{B}) \cdot C} \cdot \overline{D} \cdot E} = \overline{\overline{(A \cdot C + \overline{B} \cdot C)} \cdot \overline{D} \cdot E}$
$= (A \cdot C + \overline{B} \cdot C) + \overline{D} \cdot E = (A + \overline{B}) \cdot C + \overline{D} \cdot E$
(b) $f_2 = \overline{\overline{\overline{A+B} + \overline{C+D}} + \overline{C+D}} = \overline{\overline{A \cdot \overline{B} + C \cdot \overline{D}} + \overline{C} + D}$
$= (A \cdot \overline{B} + C \cdot \overline{D}) \cdot (\overline{C} + D) = A \cdot \overline{B} \cdot \overline{C} + A \cdot \overline{B} \cdot D$ または $(A \cdot \overline{B}) \cdot (\overline{C} + D)$

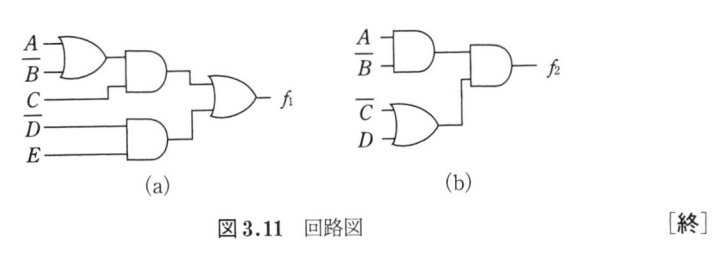

図 3.11 回路図   ［終］

3.4 カルノー図

　ベン (Venn) 図は集合論の概念として広く用いられ，論理変数が「真」である平面内の領域および，それら相互のかかわりを視覚的に表す方法である．これと類似したベイチ・カルノー (Veitch-Karnaugh) 図とよばれる表現方法は，ベン図をブロック状に変形させて論理変数が取り得るすべての「真」と「偽」の組合せ領域を配置したものである．したがって，変数が n 個あればそれらの領域は全部で 2^n 個存在することになる．なお，本書ではベイチ・カルノー図を単にカルノー図とよぶことにする．

3.4.1 2変数のカルノー図

　3.1 節において標準形の論理式を表現する場合，論理的な主加法と主乗法とに二分した．視覚的にみると，たとえば2変数 A, B のベン図は次のように考える．すべての組合せ可能な領域4箇所において任意の最小項を $\overline{A} \cdot B$ とす

れば，最大項は $(A+B)\cdot(A+\overline{B})\cdot(\overline{A}+\overline{B})$ となる（図3.12）．注目する点が対象領域か背景領域かの違いはあるが，論理式として表現すべき最小項または最大項のいずれを採用しても同じ結果をもたらすことはいうまでもない．

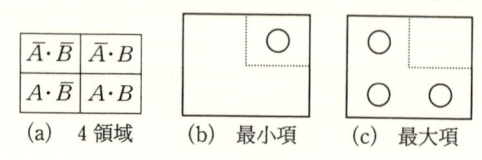

(a) 4領域　(b) 最小項　(c) 最大項

図3.12 領域の表現

2変数 A, B におけるカルノー図の仕組みを以下に説明する．主加法標準形の最小項の集合を図示するためにベン図を用いると，四つの領域に分割されることはすでに述べた．また，ブロック図としても次のように表現できることがわかる（図3.13）．

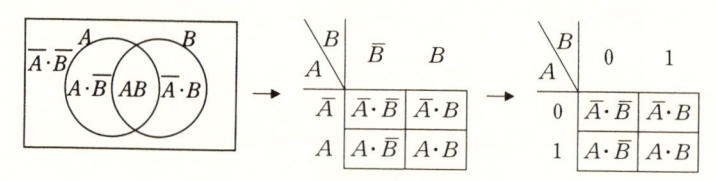

図3.13 ベン図からカルノー図へ

ここで，$f_{(A,B)}=1$ となる最小項の場所に"1"をおき，上下左右に隣接する"1"どうしをまとめる（グループ化）ことで式の簡略化が容易に行える．

たとえば，$f_{(A,B)}=\overline{A}\cdot\overline{B}+\overline{A}\cdot B$ の時，図3.14から，$f_{(A,B)}=\overline{A}$ であるとすぐに判明する．これは，論理式の $\overline{A}\cdot\overline{B}+\overline{A}\cdot B=\overline{A}\cdot(\overline{B}+B)=\overline{A}$ の変形を作図により行ったことに相当する．すなわち，$\overline{A}\cdot\overline{B}$ と $\overline{A}\cdot B$ の「ハミング距離」(Humming distance) が1であるために $(\overline{B}+B)$ の項が簡略化できる．ただし，斜め方向に"1"が隣接している $\overline{A}\cdot B+A\cdot\overline{B}$ のような場合は簡略化できない．これは，$\overline{A}\cdot B$ と $A\cdot\overline{B}$ とのハミング距離が2であり，簡易化へ寄与する隣接関係でないことによる．論理式を簡略する方法として，①論理式自身の

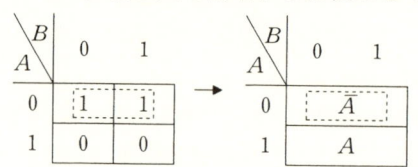

図3.14 カルノー図のグループ化

展開を行う，②図式的な手順で展開を行う，などが考えられる．②はカルノー図法とよばれ，長所は簡易に行いやすい点にあるが，論理変数の数が五つ以上になると作図ができない欠点をもつ．なお，「ハミング距離」とは2進数の符号間の違いを数量化したもので，たとえば，符号の相違点が1箇所であればハミング距離＝1と表現する．

3.4.2　3/4変数のカルノー図

図3.15は3変数 A, B, C を用いたカルノー図であり，図(a)，(b)いずれの表現方法を用いても同じ結果が得られることはいうまでもない．

A \ BC	00	01	11	10
0	$\bar{A}\cdot\bar{B}\cdot\bar{C}$	$\bar{A}\cdot\bar{B}\cdot C$	$\bar{A}\cdot B\cdot C$	$\bar{A}\cdot B\cdot\bar{C}$
1	$A\cdot\bar{B}\cdot\bar{C}$	$A\cdot\bar{B}\cdot C$	$A\cdot B\cdot C$	$A\cdot B\cdot\bar{C}$

(a) 横形

AB \ C	0	1
0 0	$\bar{A}\cdot\bar{B}\cdot\bar{C}$	$\bar{A}\cdot\bar{B}\cdot C$
0 1	$\bar{A}\cdot B\cdot\bar{C}$	$\bar{A}\cdot B\cdot C$
1 1	$A\cdot B\cdot\bar{C}$	$A\cdot B\cdot C$
1 0	$A\cdot\bar{B}\cdot\bar{C}$	$A\cdot\bar{B}\cdot C$

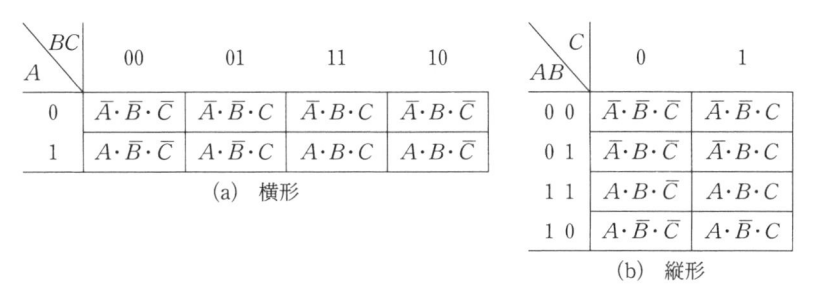

(b) 縦形

図3.15　3変数カルノー図

2変数の行または列において，数値並び順序の一部が"10, 11"でなく"11, 10"となっている理由は，互いに隣接するハミング距離を"1"に保つためであり，2進数値の大小とは関係しない．グループ化を行うと2領域で1変数を，4領域で2変数を，8領域で3変数を…，それぞれ削除することができる．これは，4変数を用いたカルノー図の場合も同様な考え方で図式化およびグループ化することができる．

論理式を簡単化するために，カルノー図をグループ化する具体的な方法について以下に示す．ただし，グループ化の仕方によって解は唯一でない場合もあることに注意を要する．

・隣接する"1"の集合をグループ化するさいに，内部がすべて"1"で埋まっていること
・ブロック形状にグループ化を行い，対角要素だけをまとめないこと
・"1"の総和が 2^n 個となるようにグループ化すること
・簡単化の効果を大にするため，より大きくグループ化すること

- 必要あればグループどうしの部分的な重複を許すこと
- 図の上端は下端と，右端は左端とそれぞれ隣接している前提でグループ化すること

例題 3.12 論理関数 $f = A + B \cdot C$ を真理値表とカルノー図の両方で表せ．

解 真理値表やカルノー図から論理式を導く逆の操作であり，まず主加法標準形に変形する必要がある．論理式，表 3.6，図 3.16，図 3.17 をそれぞれ以下に示す．

$$f = A + B \cdot C = A + \bar{A} \cdot B \cdot C$$
$$= A \cdot ((B + \bar{B}) \cdot C + (B + \bar{B}) \cdot \bar{C}) + \bar{A} \cdot B \cdot C$$
$$= A \cdot (\bar{B} \cdot \bar{C} + \bar{B} \cdot C + B \cdot \bar{C} + B \cdot C) + \bar{A} \cdot B \cdot C$$
$$= \bar{A} \cdot B \cdot C + A \cdot \bar{B} \cdot \bar{C} + A \cdot \bar{B} \cdot C + A \cdot B \cdot \bar{C} + A \cdot B \cdot C$$

なお，与式から直接に図 3.17 を導くこともできる．

A\BC	00	01	11	10
0	0	0	0	0
1	1	1	1	1

　　　　　A

A\BC	00	01	11	10
0	0	0	1	0
1	0	0	1	0

　　　　　$B \cdot C$

A\BC	00	01	11	10
0	0	0	1	0
1	1	1	1	1

　　　　　$A + B \cdot C$

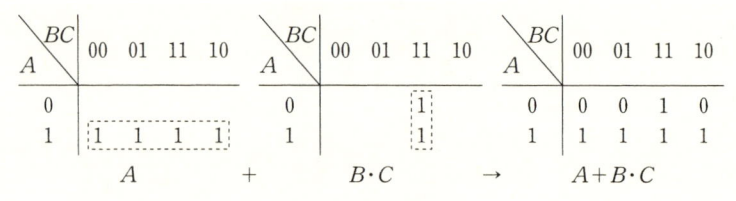

図 3.16 途中経過

表 3.6 真理値表

ABC	f
0 0 0	0
0 0 1	0
0 1 0	0
0 1 1	1
1 0 0	1
1 0 1	1
1 1 0	1
1 1 1	1

A\BC	00	01	11	10
0	0	0	1	0
1	1	1	1	1

図 3.17 カルノー図　　　　［終］

例題 3.13 A, B, C, D において，4ビット2進数 $(ABCD)_2$ が10進数 $\{0, 1, 2, 3, 4, 6, 8, 9, 10, 11\}$ を表現するとき，出力$=1$となる論理関数 f がある．この関数を加法標準形および乗法標準形で表現せよ．

解 次に示す図 3.18 において用いた添字は，10進数 0〜15 に対応する場所である．表中の"1"に注目してグループ化を行い簡単化した論理式を導くと，

$$f = \bar{A} \cdot \bar{D} + \bar{B} \quad \text{(加法標準形)}$$

カルノー図

AB\CD	00	01	11	10
0 0	1_0	1_4	0_{12}	1_8
0 1	1_1	0_5	0_{13}	1_9
1 1	1_3	0_7	0_{15}	1_{11}
1 0	1_2	1_6	0_{14}	1_{10}

図 3.18 カルノー図

となる．一方，表中の"0"に注目してグループ化を行うと次式を得る．
$$f=(\overline{B}+\overline{D})\cdot(\overline{A}+\overline{B}) \quad (乗法標準形)$$
[終]

例題 3.14 次の論理式をカルノー図により表現せよ．
$$f=\overline{A}\cdot\overline{B}\cdot\overline{D}+\overline{A}\cdot\overline{B}\cdot C+\overline{A}\cdot B\cdot D+A\cdot\overline{B}\cdot\overline{C}\cdot D+A\cdot B\cdot C\cdot\overline{D}$$

解 主加法標準形に変形して，最小項それぞれの該当するカルノー図の位置に"1"をおく（図 3.19）．
$$\begin{aligned}f&=\overline{A}\cdot\overline{B}\cdot\overline{D}+\overline{A}\cdot\overline{B}\cdot C+\overline{A}\cdot B\cdot D+A\cdot\overline{B}\cdot\overline{C}\cdot D+A\cdot B\cdot C\cdot\overline{D}\\&=\overline{A}\cdot\overline{B}\cdot\overline{D}\cdot(C+\overline{C})+\overline{A}\cdot\overline{B}\cdot C\cdot(D+\overline{D})+\overline{A}\cdot B\cdot D\cdot(C+\overline{C})\\&\quad+A\cdot\overline{B}\cdot\overline{C}\cdot D+A\cdot B\cdot C\cdot\overline{D}\\&=\overline{A}\cdot\overline{B}\cdot\overline{C}\cdot\overline{D}+\overline{A}\cdot\overline{B}\cdot C\cdot D+\overline{A}\cdot\overline{B}\cdot C\cdot\overline{D}+\overline{A}\cdot B\cdot C\cdot D+\overline{A}\cdot B\cdot\overline{C}\cdot D\\&\quad+A\cdot\overline{B}\cdot\overline{C}\cdot D+A\cdot B\cdot C\cdot\overline{D}\end{aligned}$$

一方，与式から主加法標準形を介さずにカルノー図化することができる．

$\overline{A}\cdot\overline{B}\cdot\overline{D}$	$\rightarrow \overline{A}\cdot\overline{B}\cdot\overline{D}\cdot(C+\overline{C})$	2箇所に"1"をおく
$\overline{A}\cdot\overline{B}\cdot C$	$\rightarrow \overline{A}\cdot\overline{B}\cdot C\cdot(D+\overline{D})$	2箇所に"1"をおく
$\overline{A}\cdot B\cdot D$	$\rightarrow \overline{A}\cdot B\cdot D\cdot(C+\overline{C})$	2箇所に"1"をおく
$A\cdot\overline{B}\cdot\overline{C}\cdot D$		1箇所に"1"をおく
$A\cdot B\cdot C\cdot\overline{D}$		1箇所に"1"をおく

AB\CD	00	01	11	10
0 0	1	0	1	1
0 1	0	1	1	0
1 1	0	0	0	1
1 0	0	1	0	0

図 3.19 カルノー図 [終]

論理式そのものからではわかり難いと思われる簡略化を，カルノー図を用いて容易に扱うことができる場合がある．たとえば，次に示す二つの論理関数 f_1 と f_2 において，式からは両者が等しいとただちにいいがたい．それらのカルノー図をかいてみると，いずれの式も同じ表現となり，f_2 において，$B\cdot C=1$

$f_1 = A \cdot C + \overline{A} \cdot B + \overline{A} \cdot \overline{C}$
$f_2 = A \cdot C + \overline{A} \cdot B + \overline{A} \cdot \overline{C} + B \cdot C$

であるグループが他のグループと重複している様子をみることができる（図3.20）．このように重複して用いられている部分は式の上で省略してもよい．

A＼BC	00	01	11	10
0	1	0	1	1
1	0	1	1	0

図 3.20 f_1 または f_2 カルノー図

次に，論理式の関係とカルノー図（または，真理値表）との関連がどのようになっているか，二例（図3.21）をあげて考える．

AB＼CD	00	01	11	10
0 0	0	0	0	1
0 1	0	0	0	1
1 1	0	0	0	1
1 0	1	0	0	1

⟷

AB＼CD	00	01	11	10
0 0	1	1	1	0
0 1	1	1	1	0
1 1	1	1	1	0
1 0	0	1	1	0

(a)　　$(A \cdot \overline{B} + C) \cdot \overline{D}$ ⟷ $(\overline{A} + B) \cdot \overline{C} + D$

AB＼CD	00	01	11	10
0 0	0	0	0	0
0 1	0	1	1	0
1 1	0	0	1	0
1 0	0	0	1	0

⟷

AB＼CD	00	01	11	10
0 0	1	1	0	1
0 1	1	0	0	1
1 1	1	1	0	1
1 0	1	1	0	1

(b)　　$(\overline{A} \cdot B + C) \cdot D$ ⟷ $(A + \overline{B}) \cdot \overline{C} + \overline{D}$

図 3.21 論理式とカルノー図

これらカルノー図の出力マップから，左右お互いに出力値をすべて反転した関係になっていることがわかる．二式の論理関数それぞれの関係が，ド・モルガンの定理における「論理式全体を否定することは，各変数を否定してかつ論理和と論理積とを置き換えることと等価になる」という関係になっている点に注意を要する．一方，上式 (a)(b) にそれぞれ双対性を適用させると，

(a)　$(A \cdot \overline{B} + C) \cdot \overline{D} \rightarrow (A + \overline{B}) \cdot C + \overline{D}$

(b)　$(\overline{A} \cdot B + C) \cdot D \rightarrow (\overline{A} + B) \cdot C + D$

となる．この例から，「カルノー図において互いに反転した論理関数の関係は，双対性を適用させて各変数の否定をとった関係に等しい」ともいえる．

論理式とカルノー図との関連を別の例で示そう．カルノー図をかくとまず，関数 f_1 と f_2 は同じ結果となって等しいことがわかる（図3.22）．

$$f_1 = \bar{A} + B + C \cdot \bar{D} \qquad f_2 = \bar{A} \cdot \bar{C} + \bar{A} \cdot D + B \cdot \bar{C} + B \cdot D + C \cdot \bar{D}$$

$$f_3 = A \cdot \bar{B} \cdot \bar{C} + A \cdot \bar{B} \cdot D$$

CD\AB	00	01	11	10
00	1	1	1	1
01	1	1	1	1
11	1	1	1	1
10	0	0	0	1

(a) f_1 または f_2

CD\AB	00	01	11	10
00	0	0	0	0
01	0	0	0	0
11	0	0	0	0
10	1	1	1	0

(b) f_3

図3.22 カルノー図

f_3 のカルノー図(b)は，f_1 または f_2 に対してすべて反転状態となっている．そこで，f_3 に双対性を適用させると

$$f_3 = A \cdot \bar{B} \cdot \bar{C} + A \cdot \bar{B} \cdot D \to (A + \bar{B} + \bar{C}) \cdot (A + \bar{B} + D) = A + \bar{B} + \bar{C} \cdot D$$

となり，f_1 と f_3 の関係が図3.21の場合と類似した傾向であることがわかる．

例題3.15 カルノー図を利用して次の論理式を簡単化せよ．

(a) $y = x_1 \cdot x_2 + x_2 \cdot \bar{x}_3 + x_1 \cdot x_3$

(b) $y = \bar{x}_1 \cdot \bar{x}_2 \cdot x_3 + \bar{x}_1 \cdot x_2 \cdot \bar{x}_3 + x_1 \cdot x_3$

(c) $y = x_2 \cdot x_4 + x_1 \cdot \bar{x}_2 \cdot \bar{x}_4 + \bar{x}_1 \cdot x_2 \cdot x_3 \cdot x_4$

(d) $y = \bar{x}_1 \cdot \bar{x}_3 \cdot x_4 + x_1 \cdot x_2 \cdot \bar{x}_3 \cdot x_4 + \bar{x}_2 \cdot x_4 + x_1 \cdot x_2 \cdot \bar{x}_4$

解 式(d)のカルノー図を図3.23に示す（式(a)〜(c)は省略）．

x_3x_4\x_1x_2	00	01	11	10
00	0	0	1	0
01	1	1	1	1
11	1	0	0	1
10	0	0	1	0

図3.23 (d)のカルノー図

(a) $y = x_2 \cdot \bar{x}_3 + x_1 \cdot x_3$
(b) $y = \bar{x}_1 \cdot x_2 \cdot \bar{x}_3 + x_1 \cdot x_3 + \bar{x}_2 \cdot x_3$
(c) $y = x_2 \cdot x_4 + x_1 \cdot \bar{x}_2 \cdot \bar{x}_4$
(d) $y = \bar{x}_3 \cdot x_4 + \bar{x}_2 \cdot x_4 + x_1 \cdot x_2 \cdot \bar{x}_4$ [終]

3.4.3　カルノー図の適用

例題 3.16　A, B, C 3 箇所に入口のある部屋のいずれの入口でも電灯 Z を自由に，かつ独立に点滅させたい．スイッチの ON/OFF を 2 値の 1/0 として論理式で表現するとどのようになるか．

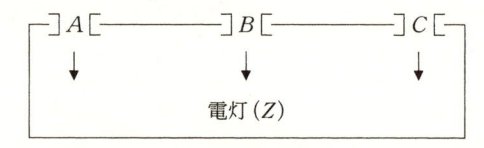

図 3.24　概念図

解　題意を満たす表 3.7，図 3.25，論理式をそれぞれ以下に示す．なお，$(ABC) = (111)_2$ は ABC の内でスイッチ 2 箇所が ON であったとき（消灯），もう一つの入口から入って OFF → ON にした場合に相当する．ここでは，1 人の人間が行う動作を仮定したが，2 人以上が独立して使用する場合に関しては，部屋の出入り情報を保存しておくなどの考慮が必要であろう．

$$Z = A \cdot B \cdot C + \bar{A} \cdot \bar{B} \cdot C + \bar{A} \cdot B \cdot \bar{C} + A \cdot \bar{B} \cdot \bar{C}$$
$$= A\overline{(B \oplus C)} + \bar{A}(B \oplus C) = A \oplus B \oplus C$$

表 3.7　真理値表

ABC	Z
0 0 0	0
0 0 1	1
0 1 0	1
1 0 0	1
0 1 1	0
1 0 1	0
1 1 0	0
1 1 1	1

AB \ C	00	01	11	10
0	0	1	0	1
1	1	0	1	0

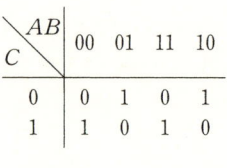

図 3.25　カルノー図　　[終]

例題 3.17　5 種類の教科（V, W, X, Y, Z）のなかで合格すれば，その教科の指導資格が得られる．現在，A 氏は V と X，B 氏は V と Y，C 氏は W と Y，D 氏は X と Z，E 氏は V と Z の教科に対してのみ合格している．

このなかで，全教科を指導するために必要な指導者の組合せ，および指導の統括者を誰にすべきか答えよ．

解 指導できる教科の割当てを一まとめにして表3.8(a)に示す．また，この表より全教科を網羅できる論理式を導くと次のようになる．ここで，5教科をすべて満たす必要性があることから，教科のAND操作となる点に注意を要する．

$$V \cdot W \cdot X \cdot Y \cdot Z = (A+B+E) \cdot C \cdot (A+D) \cdot (B+C) \cdot (D+E)$$
$$= A \cdot C \cdot D + B \cdot C \cdot D + C \cdot D \cdot E + A \cdot C \cdot E$$

この論理式において，"+"はOR(または)の意味であり，右辺4項のいずれでもよいことになる．すなわち，$A \cdot C \cdot D$，$B \cdot C \cdot D$，$C \cdot D \cdot E$，$A \cdot C \cdot E$のいずれを採用しても5教科すべてを網羅できる．また，得られた4通りの組合せにおいて，統括者は3人のなかでC氏となることがわかる．

表3.8 指導表と真理値表

(a) 指導教科の割当て

指導者＼教科	V	W	X	Y	Z
A	1	1			
B	1				1
C		1	1		
D			1		1
E	1				1

(b) 真理値表

ABDE	V	X	Z	V・X・Z
0 0 0 0	0	0	0	
0 0 0 1	1	0	1	
0 0 1 0	0	1	1	
0 0 1 1	1	1	1	1
0 1 0 0	1	0	0	
0 1 0 1	1	0	1	
0 1 1 0	1	1	1	1
0 1 1 1	1	1	1	1
1 0 0 0	1	1	0	
1 0 0 1	1	1	1	1
1 0 1 0	1	1	1	1
1 0 1 1	1	1	1	1
1 1 0 0	1	1	0	
1 1 0 1	1	1	1	1
1 1 1 0	1	1	1	1
1 1 1 1	1	1	1	1

AB＼DE	00	01	11	10
0 0			1	
0 1			1	1
1 1		1	1	1
1 0		1	1	1

図3.26 カルノー図

一方，出力 VXZ のカルノー図（図3.26）を用いた解法も考えられる．ここで，教科 W はC氏一人であり，また，Y はB, C氏に任務を委ねることができるため C と Y を真理値表からはずした後に考える（表(b)）．その結果，$VXZ = (111)_2$ となる資格者を「真」とするカルノー図から，$V \cdot X \cdot Z = (A \cdot D + B \cdot D + D \cdot E + E \cdot A)$ を得て $V \cdot W \cdot X \cdot Y \cdot Z = (A \cdot D + B \cdot D + D \cdot E + E \cdot A) \cdot C$ となる． ［終］

例題 3.18 次に示す論理式 y を簡単化すると論理式 y' が得られる．カルノー図を使ってこのことを説明せよ．

$$y = A \cdot \overline{B} \cdot D + A \cdot B \cdot D + \overline{A} \cdot \overline{C} \cdot \overline{D} + B \cdot \overline{C} \cdot D + \overline{A} \cdot C \cdot \overline{D}$$

$$y' = \overline{A} \cdot \overline{D} + A \cdot D + \overline{A} \cdot B \cdot \overline{C} \quad \text{または} \quad y' = \overline{A} \cdot \overline{D} + A \cdot D + B \cdot \overline{C} \cdot D$$

解 まず，主加法標準形に変形してから図3.27を作り，グループ化を行う．ただし，答えが複数個ある場合は，冗長度のより少ない解を選ぶべきであろう．

AB\CD	00	01	11	10
0 0	1	1	0	0
0 1	0	1	1	1
1 1	0	0	1	1
1 0	1	1	0	0

y

AB\CD	00	01	11	10
0 0	1	1	0	0
0 1	0	1	1	1
1 1	0	0	1	1
1 0	1	1	0	0

y'

図 3.27 カルノー図

[終]

例題 3.19 次に示す論理式と図3.28とが等しいことはわかっている．図中の仮変数 $x_1 \sim x_4$ は，論理変数 A, B, C, D のいずれに相当するであろうか．

$$y = A \cdot C + B \cdot \overline{C} \cdot D + \overline{A} \cdot \overline{B} \cdot \overline{C} \cdot \overline{D}$$

解 グループ化することにより論理式を導くと，

$$y = x_1 \cdot x_4 + \overline{x}_1 \cdot x_2 \cdot x_3 + \overline{x}_1 \cdot \overline{x}_2 \cdot \overline{x}_3 \cdot \overline{x}_4$$

を得る．右辺の各項と与式の右辺3項それぞれとを比較して次の対応関係が得られる．

$x_1 = C, \ x_2 = B, \ x_3 = D, \ x_4 = A \quad$ または $\quad x_1 = C, \ x_2 = D, \ x_3 = B, \ x_4 = A$

$x_1 x_2$ \ $x_3 x_4$	00	01	11	10
0 0	1	0	0	0
0 1	0	0	1	1
1 1	0	1	1	0
1 0	0	1	1	0

図 3.28 カルノー図

[終]

例題 3.20 $y = A \oplus B \oplus A \cdot B$ と図3.29とが等しいことを証明せよ．

解 論理式 $y = A \oplus B \oplus A \cdot B$ において，

$\begin{cases} A=0 \text{ の時} & y = 0 \oplus B \oplus 0 = B \\ A=1 \text{ の時} & y = 1 \oplus B \oplus B = 1 \oplus 0 = 1 \end{cases}$

$\therefore \ y = \overline{A} \cdot f_{(0,B)} + A \cdot f_{(1,B)} = \overline{A} \cdot B + A \cdot 1 = A + B$

A\B	0	1
0	0	1
1	1	1

図 3.29 カルノー図

となってカルノー図の内容と一致する．なお，与式を展開して主加法標準形に直すと $\overline{A} \cdot B + A \cdot \overline{B} + A \cdot B$ が得られて，カルノー図と一致することも確認できる．

[終]

3.4 カルノー図

さて，3変数 A, B, C に関して 1 の数が 0 の数より多くなると出力 D を 1 とする多数決の論理がある．真理値表，カルノー図および論理式はそれぞれ次のようになる（表 3.9，図 3.30）．

表 3.9 真理値表

$A\ B\ C$	D
0 0 0	0
0 0 1	0
0 1 0	0
0 1 1	1
1 0 0	0
1 0 1	1
1 1 0	1
1 1 1	1

AB \ C	0	1
0 0	0	0
0 1	0	1
1 1	1	1
1 0	0	1

図 3.30 カルノー図

$$D = A \cdot B + B \cdot C + C \cdot A$$

ここで，3変数で1次元の「カルノー図らしきもの」を考えてみよう．隣接間のハミング距離が1になる配置を考慮し，図3.31(a)を得たとする．グループ化して論理式を導出すると $D = \overline{A} \cdot B \cdot C + A \cdot B + A \cdot C$ が得られる．一見して妥当なようであるが，ハミング距離が1になる関係は上下隣の他にもう一箇所存在することがわかる．たとえば，$(011)_2$ は $(001)_2$, $(010)_2$ の他に $(111)_2$ がある．そこで，図(b)に示す立方体のように3次元のカルノー図を考えてみよう．直方体の8頂点と論理3変数とを対応させると都合よくハミング距離=1 の隣接関係を表現できる．その結果，立体図におけるグループ化を行うと $D = A \cdot B + B \cdot C + C \cdot A$ が得られる．

参考として，カルノー図を用いずに式の簡単化を行うと，次のようになる．

$A\ B\ C$	D
0 0 0	0
0 0 1	0
0 1 1	[1]
0 1 0	0
1 1 0	[1]
1 1 1	[1]
1 0 1	[1]
1 0 0	0

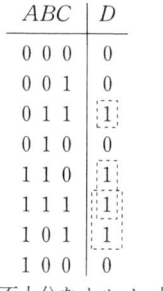

(a) 不十分なカルノー図　　(b) 3変数カルノー図

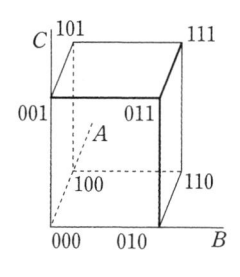

図 3.31 カルノー図

$$
\begin{aligned}
D &= \overline{A}\cdot B\cdot C + A\cdot\overline{B}\cdot C + A\cdot B\cdot\overline{C} + A\cdot B\cdot C \\
&= A\cdot B\cdot\overline{C} + (\overline{A}\cdot B + A\cdot\overline{B} + A\cdot B)\cdot C \\
&= A\cdot B\cdot\overline{C} + (\overline{A}\cdot B + A)\cdot C = A\cdot B\cdot\overline{C} + (A+B)\cdot C \\
&= A\cdot(B\cdot\overline{C} + C) + B\cdot C = A\cdot B + B\cdot C + C\cdot A
\end{aligned}
$$

例題 3.21　5 変数 A ～ E のカルノー図を図 3.32 のように設定したが，この表記法が正しくない理由を述べよ．

ABC ＼ DE	00	01	11	10
0 0 0				
0 0 1				
0 1 1				
0 1 0				
1 1 0				
1 1 1				
1 0 1				
1 0 0				

図 3.32　カルノー図

解　(ABC) および (DE) のそれぞれにおいて隣接するハミング距離はすべて 1 となっている．この意味で (DE) について正しいが，(ABC) について正しくない．なぜならば，3 変数間のハミング距離が 1 となる関係は 2 隣接だけでなく 3 隣接存在する．その結果，グループ化を行うと四角形で囲むことができない不都合さを生じることになる．なお，図 3.32 の符号化 (ABC) は「グレイコード」として知られている．　［終］

次に，カルノー図を用いて次の等式が成り立つかどうかを調べよう．

$$\overline{A}\cdot\overline{B} + A\cdot\overline{D} + \overline{B}\cdot\overline{C} + C\cdot D = \overline{B} + A\cdot\overline{D} + C\cdot D$$

手順としては，与式の左辺を主加法標準形に直して対応するカルノー図 3.33 の領域に“1”を埋めることになる．その後，カルノー図をグループ化して論

CD ＼ AB	00	01	11	10
0 0	1		1	1
0 1	1			1
1 1	1	1	1	1
1 0	1		1	1

図 3.33　カルノー図

理式を導くと与式の右辺に等しくなることがわかる．

この例は，論理式から直接に証明するよりもカルノー図を利用すると解きやすい．比較する意味で，与式の右辺から左辺を導いた場合は次のようになる．

$$右辺 = \bar{B} + A \cdot \bar{D} + C \cdot D = \bar{B} \cdot (1 + \bar{A} + \bar{C}) + A \cdot \bar{D} + C \cdot D$$
$$= \bar{A} \cdot \bar{B} + A \cdot \bar{D} + \bar{B} \cdot \bar{C} + C \cdot D + \bar{B} \cdot (D + \bar{D})$$
$$= \bar{A} \cdot \bar{B} + A \cdot \bar{D} + \bar{B} \cdot \bar{C} + C \cdot D = 左辺$$

ここで，$A \cdot B + \bar{A} \cdot C = A \cdot B + \bar{A} \cdot C + B \cdot C$ なる関係を利用したが，それは，$B = 0$ で左辺=右辺=$A \cdot C$ となり，$B = 1$ で左辺=右辺=$A + C$ となることより明らかである．

例題 3.22 2ビット論理変数 $x = (A_1 \cdot A_0)$ と $y = (B_1 \cdot B_0)$ に関する「コンパレータ」(比較器)がある．

(a) $x > y$，$x = y$，$x < y$ のとき，それぞれ出力 f_1，f_2，f_3 が1となる真理値表を求めよ．
(b) f_1，f_2，f_3 の関数を主加法標準形で表せ．
(c) それぞれの論理関数について，カルノー図を描いて簡単化せよ．

解 真理値表，主加法標準形およびカルノー図それぞれを以下に示す(ただし，論

表 3.10 真理値表

A_1	A_0	B_1	B_0	f_1 $x>y$	f_2 $x=y$	f_3 $x<y$
0	0	0	0	0	1	0
0	0	0	1	0	0	1
0	0	1	0	0	0	1
0	0	1	1	0	0	1
0	1	0	0	1	0	0
0	1	0	1	0	1	0
0	1	1	0	0	0	1
0	1	1	1	0	0	1
1	0	0	0	1	0	0
1	0	0	1	1	0	0
1	0	1	0	0	1	0
1	0	1	1	0	0	1
1	1	0	0	1	0	0
1	1	0	1	1	0	0
1	1	1	0	1	0	0
1	1	1	1	0	1	0

$B_1 B_0$ \ $A_1 A_0$	00	01	11	10
0 0	f_2	f_1	f_1	f_1
0 1	f_3	f_2	f_1	f_1
1 1	f_3	f_3	f_2	f_3
1 0	f_3	f_3	f_1	f_2

$$\begin{cases} f_1 = A_1 \bar{B}_1 + A_0 \bar{B}_1 \bar{B}_0 + A_1 A_0 \bar{B}_0 \\ f_2 = 主加法標準形の f_2 に同じ \\ f_3 = \bar{A}_1 B_1 + \bar{A}_0 B_1 B_0 + \bar{A}_1 \bar{A}_0 B_0 \end{cases}$$

図 3.34 カルノー図と簡単化した論理式

理式における AND 記号は省略).
$$f_1 = \bar{A}_1\bar{A}_0\bar{B}_1\bar{B}_0 + A_1\bar{A}_0\bar{B}_1\bar{B}_0 + A_1\bar{A}_0\bar{B}_1 B_0 + A_1 A_0\bar{B}_1\bar{B}_0 + A_1 A_0\bar{B}_1 B_0 + A_1 A_0 B_1\bar{B}_0$$
$$f_2 = \bar{A}_1\bar{A}_0\bar{B}_1\bar{B}_0 + \bar{A}_1 A_0\bar{B}_1 B_0 + A_1\bar{A}_0 B_1\bar{B}_0 + A_1 A_0 B_1 B_0$$
$$f_3 = \bar{A}_1\bar{A}_0\bar{B}_1 B_0 + \bar{A}_1\bar{A}_0 B_1\bar{B}_0 + \bar{A}_1\bar{A}_0 B_1 B_0 + \bar{A}_1 A_0 B_1\bar{B}_0 + \bar{A}_1 A_0 B_1 B_0 + A_1\bar{A}_0 B_1 B_0$$

[終]

3.4.4 ドントケア

これまでは，最小項が $\{0, 1\}$ の値をもつ有意な場合であったが，実際の用法において特定の入力値や出力値が意味をもたないか，決して起こらない場合も多く存在する．そこで，カルノー図の該当する領域内にドントケア (don't care: 0 か 1 どちらでもよいという意味) の空集合 ϕ をおくことを考える．決して起こらない値であれば，論理式の簡略時に，$\phi \to 0$ か $\phi \to 1$ のいずれかとして置き換えても支障ないはずである．すなわち，働きのない無駄な空集合の領域をカルノー図におけるグループ化に役立てようとする狙いである．

たとえば，次に示す表 3.11 から図 3.35 を介して論理式を導いてみよう．ただし，入力は A, B, C で出力は D であり，入力の組合せである $(111)_2$ を使用しないとする．$\phi = 1$ 扱いとしてグループ化を行うと，$D = A \cdot B + B \cdot C + C \cdot A$ となり，ϕ がない場合の $D = \bar{A} \cdot B \cdot C + A \cdot \bar{B} \cdot C + A \cdot B \cdot \bar{C}$ と比較して簡単化の一助となっていることがわかる．

表 3.11 真理値表

A	B	C	D
0	0	0	0
0	0	1	0
0	1	0	0
0	1	1	1
1	0	0	0
1	0	1	1
1	1	0	1
1	1	1	—

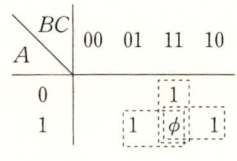

図 3.35 カルノー図

例題 3.23 ドントケアを用いた例として，9 を入力すると 1 を出力し，8 を入力すると 2 を出力し，…，0 を入力すると 10 を出力する論理式を求めよ．

解 題意から，入力 4 ビット ($ABCD$)，出力 4 ビット ($WXYZ$) の表 3.12 が得ら

3.4 カルノー図   65

れ，入力の組合せで $(1011)_2 \sim (1111)_2$ に対する出力をすべてドントケア扱いとする．ϕ を 0 として扱うか 1 として扱うかは自由であり，グループ化に貢献する ϕ のみを 1 とみなせばよい．図 3.36 および論理式を次のように導くことができる．

表 3.12　真理値表

入力 $ABCD$	出力 $WXYZ$
0 0 0 0	1 0 1 0
0 0 0 1	1 0 0 1
0 0 1 0	1 0 0 0
0 0 1 1	0 1 1 1
0 1 0 0	0 1 1 0
0 1 0 1	0 1 0 1
0 1 1 0	0 1 0 0
0 1 1 1	0 0 1 1
1 0 0 0	0 0 1 0
1 0 0 1	0 0 0 1
1 0 1 0	0 0 0 0
1 0 1 1	－ － － －
1 1 0 0	－ － － －
1 1 0 1	－ － － －
1 1 1 0	－ － － －
1 1 1 1	－ － － －

$W = \overline{A} \cdot \overline{B} \cdot (\overline{C} + \overline{D})$

$X = \overline{B} \cdot C \cdot D + B \cdot (\overline{C} + \overline{D})$

$Y = \overline{C \oplus D}$

$Z = D$

図 3.36　カルノー図と論理式　　　　［終］

例題 3.24　A, B, C, D 4 人の多数決回路（Yes なら Y，No なら N と決定する）を考えよ．ただし，それら Y と N が同数の場合は，Y でも N でもないドントケアとせよ．

解　$A \sim D$ 各人の意志により $0000 \sim 1111$ の 16 通りのうちで，4 ビット中に 0 の数が多いか 1 の数が多いかをみればよい．その結果，図 3.37 およびその論理式を導くことができる．

$N = \overline{A} \cdot \overline{B} + \overline{C} \cdot \overline{D}$　　$Y = A \cdot B + C \cdot D$

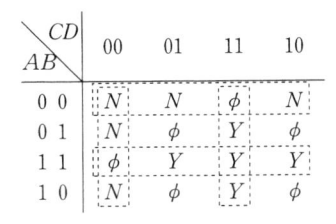

AB＼CD	00	01	11	10
0 0	N	N	ϕ	N
0 1	N	ϕ	Y	ϕ
1 1	ϕ	Y	Y	Y
1 0	N	ϕ	Y	ϕ

図 3.37　カルノー図　　　　［終］

例題 3.25 以下に示す条件が，ある被保険者の査定基準となっている．4変数 $\{W, X, Y, Z\}$ は，保険加入者がそれぞれ四条件 {飲酒，未婚，男子，老人} であると出力が "1" に，そうでなければ "0" になるものとする．この条件を組合せ論理式で示すとどうなるか (条件は全部で16通りの組合せが考えられる)．

$f_{(A)}$ = 成人 ∩ 未婚 ∩ 女子　　$f_{(B)}$ = 老人 ∩ 女子

$f_{(C)}$ = 老人 ∩ 禁酒 ∩ 未婚 ∩ 男子　　$f_{(D)}$ = 飲酒 ∩ 未婚 ∩ 男子

$f_{(E)}$ = 成人 ∩ 禁酒 ∩ 未婚 ∩ 男子

解 まず，表 3.13(a) により論理式を導いてもよいが，ここでは内容のみをひとまとめにした表 (b) を用いることにする．これは，上記の条件区分それぞれを項目ごとに分類してまとめたものであり，表中の否定記号は変数条件の反対を意味している．条件区分 $A \sim E$ のいずれも許容する論理式 $f_{(\ )}$ は OR 接続として表すことにする．

表 3.13　真理値表

(a)

WXYZ	A	B	C	D	E
0000					
0001	1				
0010					
0011					
0100	1				
0101		1			
0110					1
0111			1		
1000					
1001		1			
1010					
1011					
1100	1				
1101		1			
1110				1	
1111				1	

(b)

条件＼項目	$f_{(\ )}$				
	A	B	C	D	E
W	ϕ	ϕ	$\overline{W}$	W	$\overline{W}$
X	X	ϕ	X	X	X
Y	$\overline{Y}$	$\overline{Y}$	Y	Y	Y
Z	$\overline{Z}$	Z	Z	ϕ	$\overline{Z}$

表 (a) は出力が真である位置のみを示している．一方，表 (b) は出力変数 $A \sim E$ それぞれの真理を入力変数 $W \sim Z$ により表したものである．たとえば，$f_{(A)} = \overline{W} \cdot X \cdot \overline{Y} \cdot \overline{Z} + W \cdot X \cdot \overline{Y} \cdot \overline{Z} = X \cdot \overline{Y} \cdot \overline{Z}$ より $(WXYZ) \to (\phi X \overline{Y} \overline{Z})$ とおくことができる．これら条件をまとめると，論理式は次のようになる．

$$f = f_{(A)} + f_{(B)} + \cdots + f_{(E)}$$

$$= \cdots 中略 \cdots$$
$$= X \cdot \bar{Y} \cdot \bar{Z} + \bar{Y} \cdot Z + \bar{W} \cdot X \cdot Y \cdot Z + W \cdot X \cdot Y + \bar{W} \cdot X \cdot Y \cdot \bar{Z}$$
$$= X \cdot \bar{Y} + \bar{Y} \cdot Z + \bar{W} \cdot X \cdot Y + W \cdot X \cdot Y = X + \bar{Y} \cdot Z$$
$$= 「未婚」+「老人の女性」$$

これは，題意より B 以外が「未婚」となっていることや，その B が「老人」で「女子」から予想がつくであろう．また，四条件のうちで {飲酒} W が式中に反映されていないため，飲酒を重視していないことがわかる．得られた結果をカルノー図で示すと図 3.38 のようになる．

WX\YZ	00	01	11	10
0 0		1		
0 1	1	1	1	1
1 1	1	1	1	1
1 0		1		

図 3.38 カルノー図   [終]

3.4.5　5 変数以上のカルノー図

これまでに説明したカルノー図は，4 変数以下の場合であった．ここでは，4 変数以下のように効率的でないが，5 変数や 6 変数へ拡張したカルノー図の用法に触れる．両者とも 4 変数のカルノー図に基づく論理展開を行うことに変わりない．ただし，5 変数の場合は 1 変数を固定して二つのカルノー図を，6 変数の場合は 2 変数を固定して四つのカルノー図をそれぞれ併用する．たとえば，5 変数 = $\{A, B, C, D, E\}$ の論理式において $E = \{0, 1\}$ をそれぞれ代入すると以下のように二つのカルノー図ができる（図 3.39）．これら二つの図から得られた論理式とそれぞれ $\bar{E}$ および E との AND を行って併合すればよい．ただしこれだけでは簡単化が不十分なため，論理式全体を眺めた後処理がさら

AB\CD	00	01	11	10
0 0				
0 1				
1 1				
1 0				

\+

AB\CD	00	01	11	10
0 0				
0 1				
1 1				
1 0				

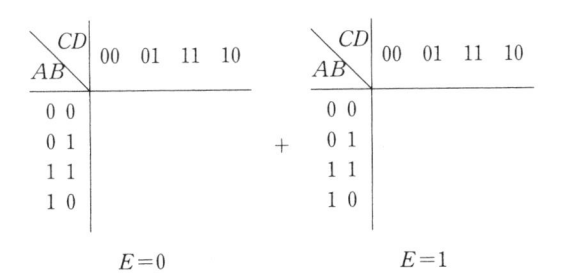

$E = 0$　　　　　　　　　　$E = 1$

図 3.39　5 変数のカルノー図

に必要となるであろう．また，固定する変数を何にするかによって簡略化の難易度に差がでることは避けられないであろう．

6変数={A, B, C, D, E, F}においてE, Fを固定すると図3.40のように四つのカルノー図ができる．これらの図から得られた論理式にそれぞれ$\bar{E}\cdot\bar{F}, \bar{E}\cdot F, E\cdot\bar{F}, E\cdot F$を付加して併合すればよいことになる．当然ながら，5変数と同様に全体を眺めた論理式の簡単化がさらに必要となることはいうまでもない．

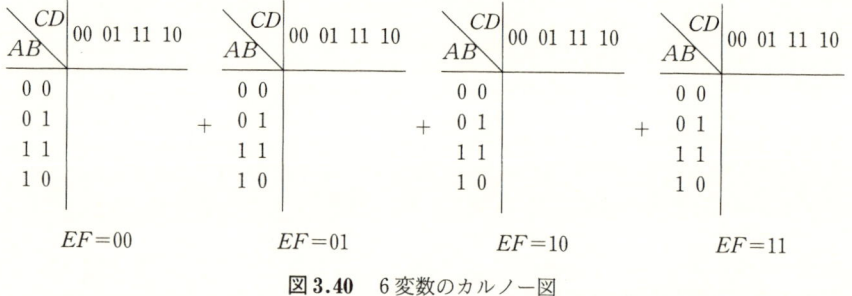

CD AB	00 01 11 10		CD AB	00 01 11 10		CD AB	00 01 11 10		CD AB	00 01 11 10
0 0			0 0			0 0			0 0	
0 1		+	0 1		+	0 1		+	0 1	
1 1			1 1			1 1			1 1	
1 0			1 0			1 0			1 0	
$EF=00$			$EF=01$			$EF=10$			$EF=11$	

図3.40　6変数のカルノー図

3.5　クワイン・マクラスキー法

論理式を簡単化する道具立てとして，ブール代数による展開とカルノー図法があることはすでに述べた．ブール代数による展開は，式の展開途中に誤りがあっても気づきにくく複雑化する場合もあり得る．また，カルノー図法は作図的に処理できる容易さをもつが，せいぜい4変数止まりである．ここでは，5変数以上へも適用できるクワイン・マクラスキー (Quine-McClusky) 法について，その概要を述べる．なお，論理式の簡単化はそれ自身を主たる目的としているため，論理設計の最適化を必ずしも意味しない点に注意を要する．

（1）**特徴**　主加法標準形の論理関数を対象とする，ハミング距離＝1の関係にある最小項を併合する，などの特徴をもつ．長所は，①多変数の論理関数へも適用できる，②処理手続きがコンピュータ指向であるなど．短所は，①「主項」の決定などに面倒な処理過程を含む，②カルノー図と較べて処理系が「スッキリ」していないなどである．

（2）**処理手順**　与えられた論理関数がn変数含んでいる場合を例にあげて処理手順を以下に示す．まず，真理値表より関数値＝1である最小項だけを

取り出すことから始める．すなわち，
① n 変数の主加法標準形（最小項）に直す
② ハミング距離＝1を手掛かりに1変数を削除する（削除対象でない項はそのまま残す）
③ $(n-1)$ 変数に短縮した各項をもとに削除対象がなくなるまで②を繰り返す
④ 主項（これ以上に削除できなくなった項をいう）を表にまとめてさらなる簡単化を行う

となる．「主項表」(prime implicant table) は冗長な項をまだ含んでいる可能性があり，最小限の主項のみを取り出すことが必要となる．その要領は，①における n 変数の最小項すべてが含まれるように，処理結果として得られた主項の組合せを選び出すことである．以下に，論理変数を1個削除して処理を完了する場合，主項表より冗長な項を省く必要のない場合とある場合の三種類に分けて例示する．なお，ドントケアを含む論理入力がある場合のクワイン・マクラスキー法の内容については本手法の類推として読者に委ねたい．

（a）論理変数を1個削除して処理を完了する例：
$$f = A \cdot B \cdot C + A \cdot \overline{B} \cdot C + \overline{A} \cdot B \cdot C + \overline{A} \cdot B \cdot \overline{C}$$

すでに，関数が主加法標準形になっているため変数を削除する段階へ進む．ハミング距離が1である変数を相殺して1回目の簡略化を行い，3変数から2変数となる．引き続き2回目以降の簡略化を行うが，この例では1回目で完了する．得られた主項をもって図3.41を作成する．

$$f = A \cdot B \cdot C + A \cdot \overline{B} \cdot C + \overline{A} \cdot B \cdot C + \overline{A} \cdot B \cdot \overline{C} \quad （3変数）$$
$$\qquad A \cdot C \qquad B \cdot C \qquad \overline{A} \cdot B \qquad （2変数）$$

	$A \cdot C$	$B \cdot C$	$\overline{A} \cdot B$
$A \cdot B \cdot C$	○	○	
$A \cdot \overline{B} \cdot C$	○		
$\overline{A} \cdot B \cdot C$		○	○
$\overline{A} \cdot B \cdot \overline{C}$			○

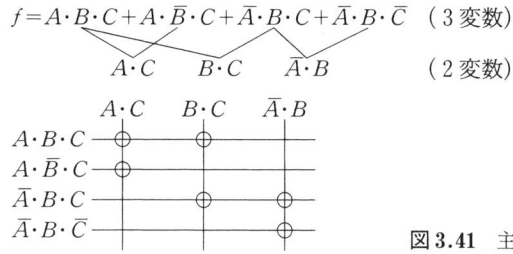

図 3.41 主項表の図

得られた主項を変数の一部に含んでいる最小項との交点に○印をつける．ここで，$f = A \cdot C + B \cdot C + \overline{A} \cdot B$ の段階ではまだ冗長がある．すなわち，最小項をすべて含むような主項の組合せは，$f = A \cdot C + \overline{A} \cdot B$ ですむことがわかる（項 $B \cdot C$ は $A \cdot C$ および $\overline{A} \cdot B$ と重複している）．

(b) 主項表で冗長な項をもたない例：次に示す主加法標準形の式において，
$$f = A \cdot B \cdot C \cdot D + \overline{A} \cdot B \cdot C \cdot D + \overline{A} \cdot B \cdot C \cdot \overline{D} + \overline{A} \cdot B \cdot \overline{C} \cdot D + \overline{A} \cdot B \cdot \overline{C} \cdot \overline{D}$$
4変数から2変数になるまでの変数の削除操作は，図3.42のとおりである．

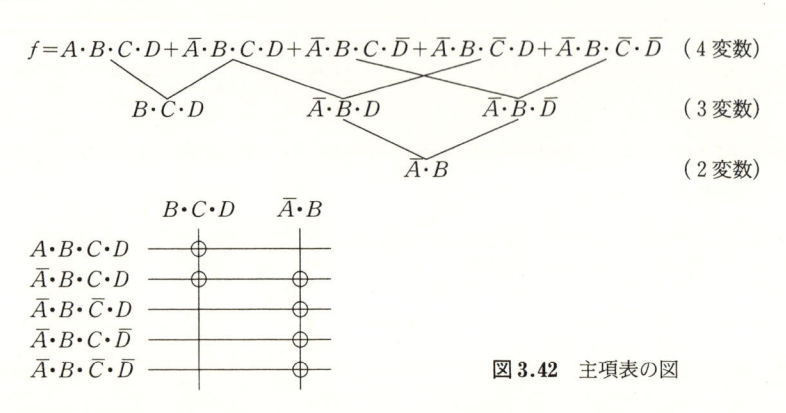

```
f = A·B·C·D + Ā·B·C·D + Ā·B·C·D̄ + Ā·B·C̄·D + Ā·B·C̄·D̄   (4変数)
         B·C·D            Ā·B·D            Ā·B·D̄        (3変数)
                              Ā·B                        (2変数)
```

	$B \cdot C \cdot D$	$\overline{A} \cdot B$
$A \cdot B \cdot C \cdot D$	○	
$\overline{A} \cdot B \cdot C \cdot D$	○	○
$\overline{A} \cdot B \cdot \overline{C} \cdot D$		○
$\overline{A} \cdot B \cdot C \cdot \overline{D}$		○
$\overline{A} \cdot B \cdot \overline{C} \cdot \overline{D}$		○

図3.42　主項表の図

これより，二つの主項はいずれも不可欠な要素であり，その結果，$f = \overline{A} \cdot B + B \cdot C \cdot D$ が得られる．

（c）主項表より冗長な項を省く例：次に示す論理式 f をクワイン・マクラスキー法により簡単化してみよう．
$$f = \overline{A} \cdot B + \overline{A} \cdot \overline{C} + A \cdot C + B \cdot C$$

関数値 f を主加法標準形に直してから，変数削減の過程と図3.43の作成をするとそれぞれ以下のようになる．

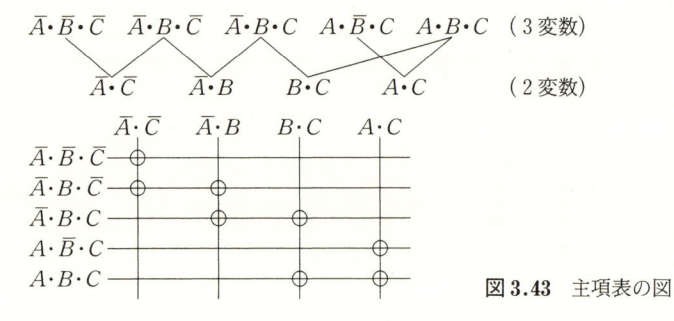

```
Ā·B̄·C̄   Ā·B·C̄   Ā·B·C   A·B̄·C   A·B·C   (3変数)
   Ā·C̄      Ā·B      B·C      A·C           (2変数)
```

	$\overline{A} \cdot \overline{C}$	$\overline{A} \cdot B$	$B \cdot C$	$A \cdot C$
$\overline{A} \cdot \overline{B} \cdot \overline{C}$	○			
$\overline{A} \cdot B \cdot \overline{C}$	○	○		
$\overline{A} \cdot B \cdot C$		○	○	
$A \cdot \overline{B} \cdot C$				○
$A \cdot B \cdot C$			○	○

図3.43　主項表の図

得られた主項表より，最小項 $\overline{A} \cdot B \cdot C$ を含む主項は $\overline{A} \cdot B$ と $B \cdot C$ があり，それらのいずれを組み合わせてもよいことがわかる．したがって，簡単化すると次のようになる．
$$f = (\overline{A} \cdot B \text{ または } BC) + \overline{A} \cdot \overline{C} + A \cdot C$$

3.6 その他

3.6.1 デコーダ (decoder)

入力 n ビットの任意の組合せに応じて，出力端子 2^n 個内のただ一つが選択されるような回路をデコーダという．すなわち，n 本の入力に対し 2^n 本の出力があり，全体の中から一つを特定する機能をもっている意味で「解読器」ともよばれる．任意の組合せ入力において，出力は一つだけ ON 状態にすべきであることから，容易にデコーダ回路を作ることができる．たとえば，3 ビットのデコーダ回路を実現するための真理値表，論理式とその回路図は次のようになる (表 3.14，図 3.44)．ここで，変数 D の添字は出力 0〜7 の数字いずれかを意味する．

表 3.14 真理値表

入力			出力 $D_{0 \sim 7}$							
A	B	C	0	1	2	3	4	5	6	7
0	0	0	1	0	0	0	0	0	0	0
0	0	1	0	1	0	0	0	0	0	0
0	1	0	0	0	1	0	0	0	0	0
0	1	1	0	0	0	1	0	0	0	0
1	0	0	0	0	0	0	1	0	0	0
1	0	1	0	0	0	0	0	1	0	0
1	1	0	0	0	0	0	0	0	1	0
1	1	1	0	0	0	0	0	0	0	1

$D_0 = \overline{A} \cdot \overline{B} \cdot \overline{C}$
$D_1 = \overline{A} \cdot \overline{B} \cdot C$
⋮   ⋮
$D_7 = A \cdot B \cdot C$

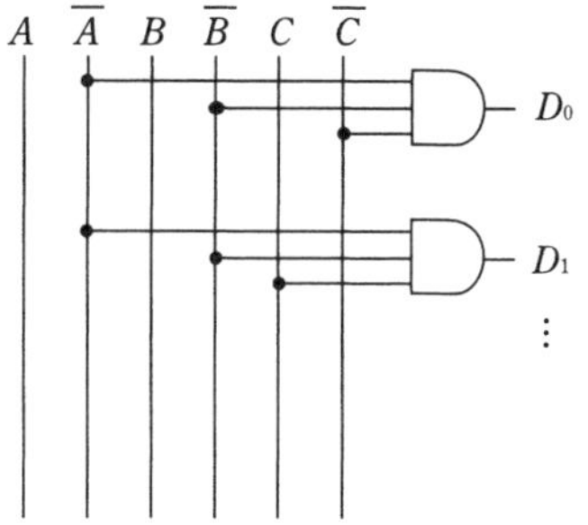

図 3.44 論理式と回路図

例題 3.26 4 ビットの 2 進化 10 進 (BCD) デコーダを設計するためのカルノー図および論理式はどのようになるか．ただし，4 ビットの中で未使用の $(A)_{16} \sim (F)_{16}$ はドントケア扱いとする．

解 BCD は 4 ビットで 10 進数の 1 桁を表すため，自然 2 進数と較べて 0〜9 以外の部分に無駄が生じる (図 3.45)．ここで，図は 10 種類の出力 $D_0 \sim D_9$ を一つにまとめたものである．これより，個々に論理式の導出を行った結果を示す (一部のみ)．

x_3x_4	00	01	11	10
x_1x_2				
0 0	D_0	D_1	D_3	D_2
0 1	D_4	D_5	D_7	D_6
1 1	ϕ	ϕ	ϕ	ϕ
1 0	D_8	D_9	ϕ	ϕ

図 3.45 カルノー図

$D_0 = \bar{x}_1 \cdot \bar{x}_2 \cdot \bar{x}_3 \cdot \bar{x}_4$　　$D_1 = \bar{x}_1 \cdot \bar{x}_2 \cdot \bar{x}_3 \cdot x_4$

　　　　　$\vdots$　　　　　　　　　　$\vdots$

$D_8 = x_1 \cdot \bar{x}_4$　　　　　$D_9 = x_1 \cdot x_4$　　　　　　　　　　　　　　[終]

例題 3.27 2 ビットおよび 4 ビットの自然 2 進数のデコーダを設計せよ．

解 本節の類推として容易に求められるため，各自で試みよ（解省略）．　　[終]

例題 3.28 BCD に基づいて発光素子である LED 8 素子（セグメント $a \sim h$）の表示を駆動するデコーダ回路の論理式を求めよ．

解 略解を以下に示す．

図 3.46 の表示デバイスにおける駆動すべき 8 素子（$a \sim h$）の組合せと数値 $0 \sim 9$ との対応をとって，デコーダ出力（$D_0 \sim D_9 = 0 \sim 9$）に結合させればよいことになる．たとえば，次のような論理式にしたがって LED セグメントを点灯させればよい（一部のみ）．

$D_0 = a \cdot b \cdot c \cdot d \cdot e \cdot f$

　　　$\vdots$

$D_2 = a \cdot b \cdot d \cdot e \cdot g$

　　　$\vdots$

$D_4 = b \cdot c \cdot f \cdot g$

　　　$\vdots$

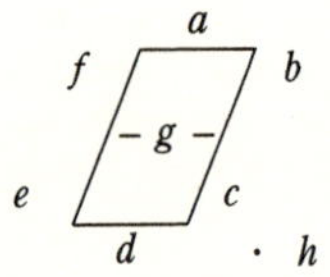

図 3.46 8 セグメント表示

[終]

3.6.2 エンコーダ (encoder)

デコーダと逆の機能をもち，入力 2^n 個のなかで一つを特定すると，それに対応する n ビットの 2 進数が出力に表れる．全体の中から 1 個を特定すると，その値を自然 2 進数へ変換して出力する機能をエンコーダという．デコーダ/エンコーダの集積回路素子は 2^n 個以上の端子を必要とするため，物理的な制約から 4 ビットがサイズの上限とされている．それ以上のビット数を扱う場合

3.6 その他

は，複数個の素子を組み合わせることになる．以下に，具体的なエンコーダの設計手順を示す．3ビットのエンコーダを実現するための真理値表，論理式および回路図は次のようになる（表3.15，図3.47）．

表3.15 真理値表

入力 D								出力		
0	1	2	3	4	5	6	7	A	B	C
1	0	0	0	0	0	0	0	0	0	0
0	1	0	0	0	0	0	0	0	0	1
0	0	1	0	0	0	0	0	0	1	0
0	0	0	1	0	0	0	0	0	1	1
0	0	0	0	1	0	0	0	1	0	0
0	0	0	0	0	1	0	0	1	0	1
0	0	0	0	0	0	1	0	1	1	0
0	0	0	0	0	0	0	1	1	1	1

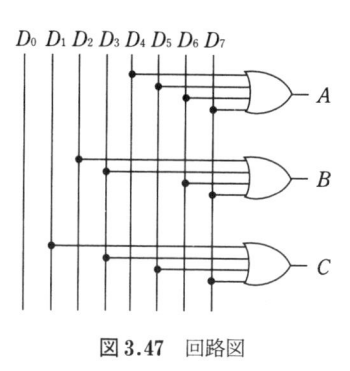

図3.47 回路図

$$\begin{cases} A = D_4 + D_5 + D_6 + D_7 \\ B = D_2 + D_3 + D_6 + D_7 \\ C = D_1 + D_3 + D_5 + D_7 \end{cases}$$

ここで，真理値表から得た論理式を $A = \overline{D_0} \cdot \overline{D_1} \cdot \overline{D_2} \cdot \overline{D_3} \cdot D_4 \cdot \overline{D_5} \cdot \overline{D_6} \cdot \overline{D_7} + \overline{D_1} \cdot \overline{D_2} \cdots$ などとしないのはなぜだろうか．それは，入力が2箇所以上同時に"1"とならない前提条件があるため，最小項がそれぞれ1変数のみですむことによる．なお，この回路は入力の一つが常に選択されていることに注意する必要がある．

例題 3.29　2ビットおよび4ビットのエンコーダを設計せよ．

解　上記の類推として容易に求められるため，各自で試みよ（解省略）．　［終］

次に，プライオリティ・エンコーダ（priority encoder）とよばれる優先順位を考慮したエンコーダについて示す．すなわち，次に示す真理値表3.16のようにドントケアが入力の半数近くを占めるようにして，入力が複数個選ばれた場合は優先順位に従ってただ一つを定める機能がある．この例では，入力 D_0 ～ D_7 が2箇所以上同時に"1"となっても右端の1が優先されるように組合せ回路を工夫することができる．

表 3.16　真理値表

入力 ($D_0 \sim D_7$)								出力		
0	1	2	3	4	5	6	7	A	B	C
1	0	0	0	0	0	0	0	0	0	0
ϕ	1	0	0	0	0	0	0	0	0	1
ϕ	ϕ	1	0	0	0	0	0	0	1	0
ϕ	ϕ	ϕ	1	0	0	0	0	0	1	1
ϕ	ϕ	ϕ	ϕ	1	0	0	0	1	0	0
ϕ	ϕ	ϕ	ϕ	ϕ	1	0	0	1	0	1
ϕ	ϕ	ϕ	ϕ	ϕ	ϕ	1	0	1	1	0
ϕ	ϕ	ϕ	ϕ	ϕ	ϕ	ϕ	1	1	1	1

3.6.3　マルチプレクサ (multiplexer)

入力信号の中から必要な信号だけを選ぶ機能や，外部へ伝達すべき信号を要望する出力へ接続する機能について以下に述べる．

複数個の入力から一つだけ選んで出力へ流す回路をマルチプレクサまたは，セレクタという．実際の回路図 3.48 から読み取った方が理解しやすいと思われるため，以下に 4 入力 ($D_0 \sim D_3$) 1 出力 (C) の場合を示す．これより 2 ビット ($\bar{A}, A, \bar{B}, B$) が選択用の制御信号として働く様子を読み取れるであろう．論理式は次のようになる．

$$C = \bar{A} \cdot \bar{B} \cdot D_0 + \bar{A} \cdot B \cdot D_1 + A \cdot \bar{B} \cdot D_2 + A \cdot B \cdot D_3$$

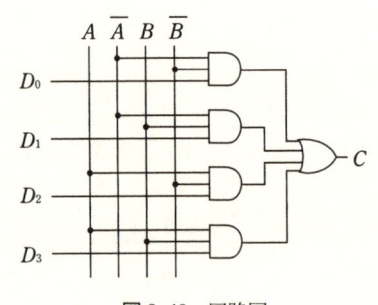

図 3.48　回路図

例題 3.30　制御線を 3 ビットとして，8 入力 $D_0 \sim D_7$ からただ一つを選択するマルチプレクサを設計せよ．

解　図 3.48 の類推として，各自で試みよ (解省略)．　　　　　　　［終］

3.6.4 デ・マルチプレクサ (de-multi plexer)

デ・マルチプレクサはマルチプレクサの反対であり，1個の信号入力を指定された一つの出力へつなぐ働きがある．以下に，1入力 (C) で4出力 ($D_0 \sim D_3$) をもつ回路図と論理式の例を示す (図 3.49，ただし，$\overline{A}$, A, $\overline{B}$, B は制御用入力である)．

$$\begin{cases} D_0 = \overline{A} \cdot \overline{B} \cdot C \\ D_1 = \overline{A} \cdot B \cdot C \\ D_2 = A \cdot \overline{B} \cdot C \\ D_3 = A \cdot B \cdot C \end{cases}$$

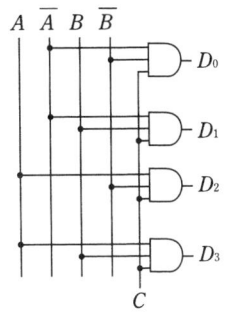

図 3.49　回路図

例題 3.31 制御線を3ビットにして，入力を八つの出力 $D_0 \sim D_7$ へ振り分けるデ・マルチプレクサ設計をせよ．

解 図 3.49 上記の類推として，各自で試みよ (解省略)．　　　　［終］

4章 フリップフロップ

公園のシーソーが「ギッタン・バッタン」する様子や，コインを投げて「表・裏」を繰り返す様子を英語の flip 動作と flop 動作を合わせたフリップフロップ (flip-flop) と表現する．これらの動きは，外部から何もしなければ二状態のうちのいずれか一方に落ち着いているところから，記憶機能の一種とみなせる．以降，ディジタル素子を用いて記憶回路を実現することを考える．現在の時刻を t，次の時刻を $t+1$ とした時間の関数として記憶状態の遷移を理解する．なお，時間の経過に伴って変化する信号の流れを把握するために，「タイムチャート」という図式の表現を必要に応じて用いることにする．ただし，本文中において現在の時刻 t は支障のない範囲で省略する．また，記号「FF」はフリップフロップの略称とする．

4.1 SR-FF

図 4.1 は，インバータ 2 個を互いに接続した回路図である．論理機能の NOT 素子が，1 段目＋2 段目の (入力 - 出力 - 入力 - 出力) 論理状態がそれぞれ (0-1-1-0)，または (1-0-0-1) のいずれかになるであろう．これらは，2 個の直列接続した NOT 素子が互いに矛盾のない双安定の状態を保つことになる．外部からこれらの素子にある種の刺激を強制的に与えることで，"0" と "1" とが反転してそのまま安定状態に入る．これは，フリップフロップとしての記憶をもった機能であることを意味している．

以降，本書では入出力信号の真理値が記憶を伴わない場合は「真理値表」，記憶を伴う時間の関数である場合は「状態遷移表」(state flow table) として

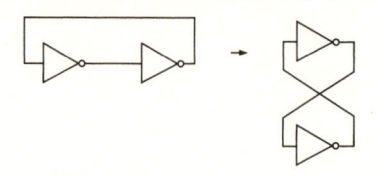

図 4.1 フリップフロップ回路

区別する．SR-FF (RS-FF ともいう) において，$S=$ set, $R=$ reset を，Q^t と Q^{t+1} は時刻 t および次の時刻 $t+1$ での出力値をそれぞれ意味する．フリップフロップの出力という意味では output の O でもよいが，ゼロと混同しないように Q と書くことにする．

4.1.1　NOR 素子 2 個による SR-FF

NOR 素子 2 個を用いて帰還回路を構成し，記憶の機能をもたせることが可能となる．帰還を意識しながら，次に示す図 4.2 と，表 4.1 について考えてみる．

表 4.1 状態遷移表

t		$t+1$		機能
S	R	Q	$\bar{Q}$	
0	0	Q	$\bar{Q}$	記憶
0	1	0	1	リセット
1	0	1	0	セット
1	1	0	0	

→

S	R	Q^{t+1}
0	0	Q
0	1	0
1	0	1
1	1	−

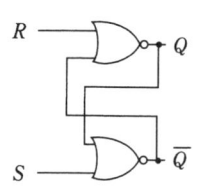

図 4.2　NOR 型 SR-FF の回路図

NOR 素子は，現在の状態いかんにかかわらず入力の一つが "1" であれば出力が排他的に "0" となることは明らかである．たとえば，$(SR)=(01)$ の時，図 4.2 において上側の出力 Q は 0 となり，下側の出力 $\bar{Q}$ は 1 となる．対称回路となっているため $(SR)=(10)$ の時は逆に $Q=1$，$\bar{Q}=0$ となることはいうまでもない．前者の動作をリセット (R)，後者のそれをセット (S) とよぶ．$(SR)=(00)$ の時は NOR 素子それぞれにおいて，$(Q\bar{Q})=(01)$ または (10) のいずれかとなってそれぞれの安定状態を保つことになる．さて，$(SR)=(11)$ の時に出力はどうなるであろうか．NOR 機能の必然性から Q と $\bar{Q}$ の両者が 0 となり，回路の対称性によって $t+1$ における Q の値がどう落ち着くか予測できない．記憶の機能を利用する立場でみると，出力は 0 または 1 を保存するだけでよく，$\bar{Q}$ が常に Q の反転した値となっている保証があれば使いやすい．それゆえ，$(SR)=(11)$ を「禁止入力」または「不定入力」として使わないことにする，と同時に状態遷移表の出力欄に記号 "−" を書くことにする．図 4.3 および表 4.2 から SR-FF の論理式を以下に求めてみよう．

ここで，表 4.1 と表 4.2 が等価であることは明らかであろう．図 4.3 より，時刻 $t+1$ の論理式が式 (4.1) のように求まり，これを，SR-FF の特性方程式

78　4章　フリップフロップ

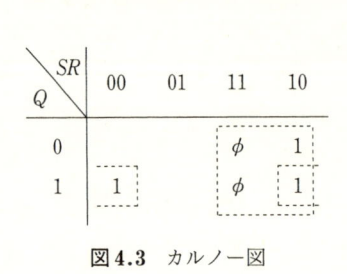

表4.2　NOR型 SR-FF の状態遷移表

S	R	Q	Q^{t+1}	
0	0	0	0	}記憶
0	0	1	1	
0	1	0	0	}リセット
0	1	1	0	
1	0	0	1	}セット
1	0	1	1	
1	1	0	—	}不定
1	1	1	—	

Q \ SR	00	01	11	10
0			φ	1
1	1		φ	1

図4.3　カルノー図

(characteristic equation) とよぶ．

$$Q^{t+1} = S + \bar{R} \cdot Q \quad (入力条件: S \cdot R = 0) \quad SR\text{-FF の特性方程式} \tag{4.1}$$

ここで，$S=R=1$(不定) をドントケア扱いとし，S と R が同時に"1"とならない状況 (S と R のどちらかは常に0) を入力条件が $S \cdot R = 0$ と記したことに注意する必要がある．

以下に，特性方程式とその回路との関連について図4.4を参考にしながら対応する式を導くことにする．すなわち，

$$C^{t+1} = \overline{A + C + B} = \overline{(A+C)} \cdot \bar{B} = A \cdot \bar{B} + \bar{B} \cdot C$$

ここで，$A \to S$，$B \to R$，$C \to Q$ とおくと，

$$Q^{t+1} = S \cdot \bar{R} + \bar{R} \cdot Q$$

となる．この式は特性方程式(4.1)と等しくないが，図4.3においてドントケアを考慮しない特性方程式を導くと，$Q^{t+1} = S \cdot \bar{R} + \bar{R} \cdot Q$ となって等しくなる．S と R を同時に"1"としない入力条件を加味すれば，簡略化された特性方程式 $Q^{t+1} = S + \bar{R} \cdot Q$ に変形できることはいうまでもない．なお，この記述を逆にさかのぼると，特性方程式から回路図を求めることができる．

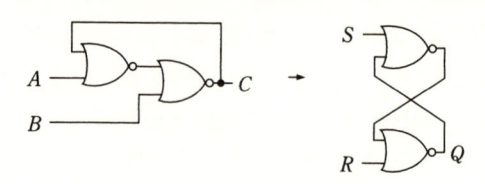

図4.4　SR-FF 回路の変遷

例題 4.1 NOR素子2個によるSR-FFにおいて，状態遷移表の出力欄に「不定」とあるが，その背景は何か．

解 $S=R=1$の入力時にNOR素子2個の出力が同時に$Q^t=\bar{Q}^t=0$となる．この状態から$S=R=0$に切り替えると出力は何を記憶するであろうか．それは，SよりRが遅い：セット状態へ移行，RよりSが遅い：リセット状態へ移行，のように定まっていない（SとRとが厳密な同時刻に0となることは非現実的である）．　[終]

例題 4.2 NOR素子2個によるフリップフロップにおいて，カルノー図を利用しないで状態遷移表から直接に特性方程式を求めよ．

解 次式の展開において，入力条件である$S \cdot R = 0$を利用した．
$$Q^{t+1} = \bar{S} \cdot \bar{R} \cdot Q + S \cdot \bar{R} \cdot \bar{Q} + S \cdot \bar{R} \cdot Q = \bar{S} \cdot \bar{R} \cdot Q + S \cdot \bar{R}$$
$$= \bar{R} \cdot (S + \bar{S} \cdot Q) = \bar{R} \cdot (S + Q) = \bar{R} \cdot S + \bar{R} \cdot Q$$
$$= \bar{R} \cdot S + R \cdot S + \bar{R} \cdot Q = (\bar{R} + R) \cdot S + \bar{R} \cdot Q = S + \bar{R} \cdot Q \quad [終]$$

4.1.2 NAND素子2個によるSR-FF

NAND素子2個を用いてNOR素子と類似のフリップフロップが実現できる．ただし，$(SR)=(11)$が記憶，(00)が禁止入力となる点に注意すること．以下，図4.5および表4.3，表4.4からその特性方程式を導いてみよう．ここでは，論理式を展開しているが，カルノー図を用いても同じ結果が得られる．

$$Q^{t+1} = S \cdot \bar{R} + S \cdot R \cdot Q = \bar{S} \cdot \bar{R} + S \cdot \bar{R} + S \cdot R \cdot Q$$
$$= \bar{R} + S \cdot R \cdot Q = \bar{R} + S \cdot Q$$
$$\therefore \quad Q^{t+1} = \bar{R} + S \cdot Q \quad （入力条件：S+R=1） \quad SR\text{-FFの特性方程式} \tag{4.2}$$

ここで，$S=R=0$をドントケア扱いとして利用しているが，SとRとが同時に"0"とならない入力条件は$S+R=1$（または，$\bar{S} \cdot \bar{R} = 0$）と書くことができる．

表4.3 状態遷移表

S	R	Q	$\bar{Q}$ ($t+1$)	機能
0	0	1	1	
0	1	0	1	リセット
1	0	1	0	セット
1	1	Q	$\bar{Q}$	記憶

→

S	R	Q^{t+1}
0	0	−
0	1	0
1	0	1
1	1	Q

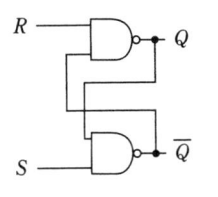

図4.5 NAND型SR-FF回路

NAND型 SR-FF において，状態遷移表に合致する回路を求めるにはどのような手順で行えばよいか考えよう．表4.4に基づいて，図4.6と特性方程式から回路図を導くことになる．

表4.4 状態遷移表

S	R	Q	Q^{t+1}	
0	0	0	−	｝不定
0	0	1	−	
0	1	0	0	｝リセット
0	1	1	0	
1	0	0	1	｝セット
1	0	1	1	
1	1	0	0	｝記憶
1	1	1	1	

SR\Q	00	01	11	10
0	φ	0	0	1
1	φ	0	1	1

$$Q^{t+1} = \bar{R} + S \cdot Q$$

図4.6 カルノー図と特性方程式

この式をそのまま回路図に直すのであるが，NAND素子のみで構成するため，$Q^{t+1} = \bar{R} + S \cdot Q = \overline{\bar{R} \cdot \overline{S \cdot Q}}$ と変形する．その結果，図4.7に示すような推移となる．

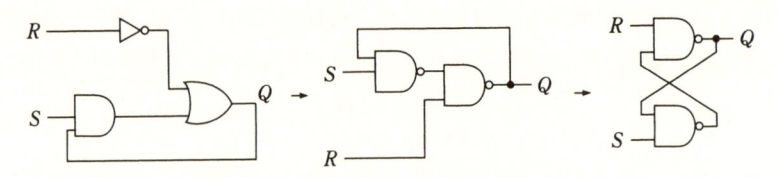

図4.7 NAND型 SR-FF 回路の変遷

本節において，2種類の SR-FF について述べたが，これら NAND型と NOR型を図4.8のような図式方法により相互に変換することもできる．ここで，$\bar{X} \cdot \bar{Y} = \overline{X + Y}$ という関係を用いた．また，$\bar{R} = S$, $\bar{S} = R$ であることはいうまでもない．

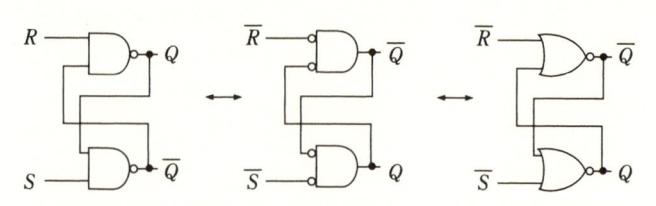

図4.8 NAND型 ⟷ NOR型のフリップフロップ変換

例題 4.3 フリップフロップに関する図4.9(a)〜(c)それぞれの論理式および状態遷移表を示せ．

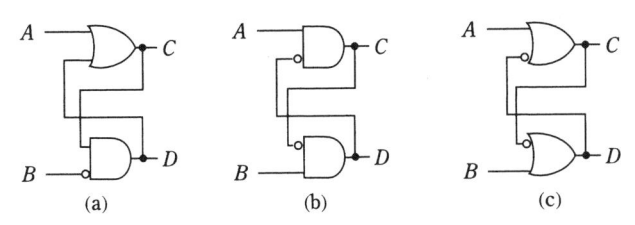

図 4.9 フリップフロップの変形

解 (a)〜(c)それぞれの状態遷移表は表4.5のようになり，論理式は次のようになる(別解は省略)．

表 4.5 状態遷移表

(a)

t A B	$t+1$ C D
0 0	C D
0 1	0 0
1 0	1 1
1 1	1 0

(b)

t A B	$t+1$ C D
0 0	0 0
0 1	0 1
1 0	1 0
1 1	C D

(c)

t A B	$t+1$ C D
0 0	C D
0 1	0 1
1 0	1 0
1 1	1 1

(a) $\begin{cases} C^{t+1} = A + \bar{B} \cdot C \\ D^{t+1} = \bar{B} \cdot (A + D) \end{cases}$
(b) $\begin{cases} C^{t+1} = A \cdot (\bar{B} + C) \\ D^{t+1} = B \cdot (\bar{A} + D) \end{cases}$
(c) $\begin{cases} C^{t+1} = A + \bar{B} \cdot C \\ D^{t+1} = B + \bar{A} \cdot D \end{cases}$

[終]

例題 4.4 図 4.10 について，フリップフロップ入力側に追加した回路素子および X 端子がどのように役立つかを述べよ．

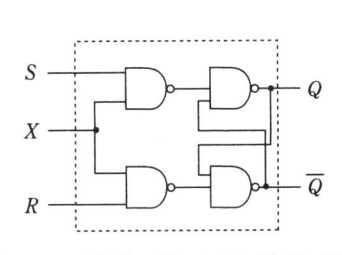

図 4.10 制御端子付 NAND 型 SR-FF

表 4.6 状態遷移表

X	S	R	Q^{t+1}
0	0	0	記憶
0	0	1	記憶
0	1	0	記憶
0	1	1	記憶
1	0	0	記憶
1	0	1	0
1	1	0	1
1	1	1	不定

[解] 表 4.6 より, 入力端子 $X=0$ の時は S, R の値いかんにかかわらず出力値が保存され, $X=1$ の時は SR-FF の機能そのものになる. したがって, X は SR 入力の受け入れを許可する制御端子として利用できる. 参考として, NOR 型 SR-FF を用いた回路図 4.11 の状態遷移を表 4.7 に示す. これは, 図 4.10 の回路と同じ機能をもっていることがわかるであろう.

表 4.7 状態遷移表

X	S	R	Q^{t+1}
0	0	0	記憶
0	0	1	記憶
0	1	0	記憶
0	1	1	記憶
1	0	0	記憶
1	0	1	0
1	1	0	1
1	1	1	不定

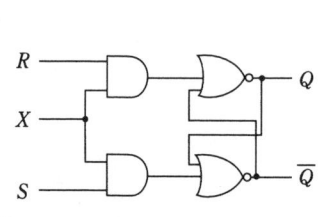

図 4.11 制御端子付 NOR 型 SR-FF

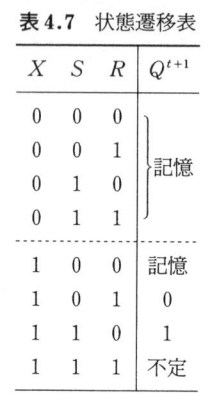

[終]

なお, 用語「タイムチャート」(time chart) は, 時刻 t の経過と共に論理入出力の値が遷移する様子を図式化したものである. すなわち, 記憶回路の状態遷移を表現する手段として広く用いられ, 2 値レベルのみを扱って 1/0＝上位/下位 に対応させたものである. たとえば, ある時系列信号における A, B, C ともう一つの D との関係をあげれば, 時間の経過と共に信号 A が 1/2 に分周されて進行し, D は $ABC=(000)_2$ の時にパルスを出している様子がわかる (図 4.12).

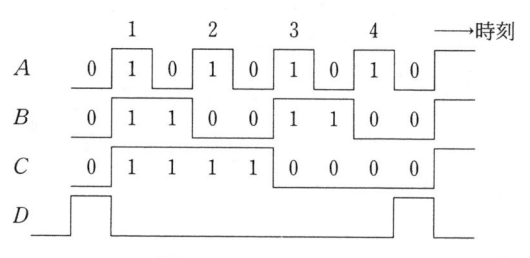

図 4.12 タイムチャート

回路設計の現場では,「ロジックアナライザ」(logic analyzer) を用いることにより, 複数のタイムチャートを同時にオシロスコープ上へ表示させながら回路解析することができる.

4.1.3 セット優先 SR-FF

SR-FF の不定入力を避けるための方法がある．セット優先 SR-FF とよばれる回路図の動作について以下に述べる．これは，$(SR)=(00),(01),(10)$ でそれぞれ記憶，リセット，セット機能となるが，$SR=(11)$ でもセット機能として正常に動作する．

図 4.13(a), (b) において，$S=R=1$（斜線部）の時，$R'=0$ が優先となり $S'=1$ をもたらして不定入力である $S'=R'=0$ を避けることができる．なお，この回路を $X=1$ に固定して $S \to D$, $R \to C$ と置き換えれば図 (c) となる．これは，4.6.2 節の D-FF と呼ばれる遅延回路の機能をもつことになる．

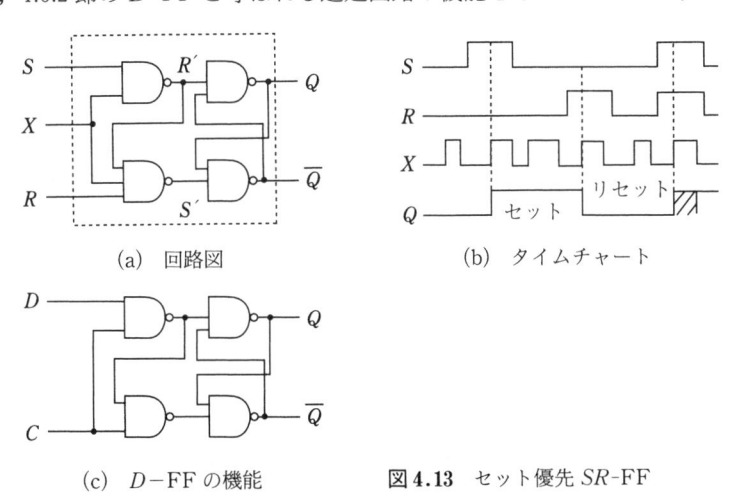

(a) 回路図

(b) タイムチャート

(c) D-FF の機能

図 4.13 セット優先 SR-FF

4.2 状態遷移表のレイアウト

記憶状態を表す状態遷移表は，単なる入出力だけでなく，Q^t および Q^{t+1} の両者を併せた相互の関係を含んでいる．状態遷移表のレイアウトについて SR-FF を例にあげて以下に考察しよう（ここで，記号 "$\mathrm{f_{unc}}(x)$" は x の関数を意味する）．

たとえば，表 4.8 より，時刻 t における入・出力の状態が，時刻 $t+1$ においてどのように出力変化するかを読み取ることができ，入力条件 $(S \cdot R=0)$ の影響を表内に反映させることができる．すなわち，$Q^{t+1}=\mathrm{f_{unc}}(S, R, Q)^t$ であり S と R を独立変数扱いとしているため，「不定」の組合せも表現し得

表 4.8 状態遷移表

S^t	R^t	Q^t	Q^{t+1}
0	0	0	0
0	0	1	1
0	1	0	0
0	1	1	0
1	0	0	1
1	0	1	1
1	1	0	—
1	1	1	—

表 4.9 状態遷移表

A^t	B^t	Q^t	Q^{t+1}	S^t	R^t
0	0	0	0	0	0
0	0	1	1	0	0
0	1	0	0	0	0
0	1	1	0	0	1
1	0	0	1	1	0
1	0	1	1	0	0
1	1	0	1	1	0
1	1	1	0	0	1

る．この例では，8通り(3変数)すべての動作状態が記されている．表4.8からカルノー図を介して論理式を求めると，式の左辺と右辺が $t+1$ および t の変数に区分された特性方程式を得ることができる．

$$Q^{t+1}=S+\bar{R}\cdot Q$$

これは SR-FF のみを対象とした場合であるが，次に SR-FF と組合せ論理回路(2入力 A, B)とを併合させた場合を考える．

たとえば，表4.9より，S または $R=\mathrm{f}_{\mathrm{unc}}(A, B, Q)^t$ として求めるべき変数の条件式 $S=$, $R=$ を得るためのレイアウトとなっていることがわかる．

ここで，出力 Q が次に要望する値 Q^{t+1} となるような S, R の値は「必ず存在する」ことがわかっている．その存在する値となるように $\{A, B, Q\}$ との関連を求めれば論理式を導くことができる．式中に Q^{t+1} を含まない理由は，S, R, Q がわかれば Q^{t+1} は必然的に定まり，逆に Q^t と Q^{t+1} がわかれば S と R とが定まることによる．すなわち，式 S, R を次のように求めることができる．

$$S=A\cdot\bar{Q} \qquad R=B\cdot Q$$

本書では，状態遷移表のレイアウトを設定する場合に，SR-FF を例にあげると，次のような形式になる．

$$\begin{cases} Q^{t+1}=\cdots\text{としたい場合} & \rightarrow \quad \text{表4.8形式} \\ S=\cdots, R=\cdots\text{としたい場合} & \rightarrow \quad \text{表4.9形式} \end{cases}$$

例題 4.5 SR-FF(入力条件：$S\cdot R=0$)の前置として A, B 入力をもつ論理回路を加え，不定入力の心配がないように工夫したい(図4.14(a))．ここでは，不定入力時に反転動作を行う機能をもたせたい．そのさい，表4.10(①～

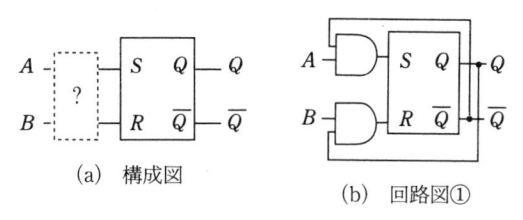

図 4.14 不定入力の改善

(a) 構成図　　(b) 回路図①

表 4.10　4種類の状態遷移表

t			$t+1$	t							
				①		②		③		④	
A	B	Q	Q	S	R	S	R	S	R	S	R
0	0	0	0	0	0	0	0	0	0	0	0
0	0	1	1	0	0	0	0	0	0	0	0
0	1	0	0	0	0	1	0	0	0	0	1
0	1	1	0	0	1	0	1	0	1	0	1
1	0	0	1	1	0	1	0	1	0	1	0
1	0	1	1	0	0	1	0	1	0	0	0
1	1	0	1	1	0	1	0	1	0	1	0
1	1	1	0	0	1	0	1	0	1	0	1

記憶　リセット　セット　反転

④) の組合せ中, いずれを採用しても同じ出力を得ることができるという. それら4種類の論理式および回路図を比較せよ.

[解] この例は, SR-FF の前段として論理回路をおき, S, R が同時に "1" とならないように工夫してある. 表中の①〜④は解候補の4種類であり, カルノー図 (省略) をそれぞれに介すと, 論理式および図 (b) (①のみ) が得られる.

① $S = A \cdot \overline{Q}$　　　　　　$R = B \cdot Q$
② $S = A \cdot \overline{Q} + A \cdot \overline{B}$　　$R = \overline{A} \cdot B + B \cdot Q$
③ $S = A \cdot \overline{Q} + A \cdot \overline{B}$　　$R = B \cdot Q$
④ $S = A \cdot \overline{Q}$　　　　　　$R = \overline{A} \cdot B + B \cdot Q$

これより, 4種類を比較して①が最も簡易であり, 図 (b) は 4.4 節の JK-FF を考えるさいの基本回路となる.　　　　　　　　　　　　　　　　　[終]

4.3　マスタースレーブ型 SR-FF

図 4.15(a) および簡略図 (b) に示すような NAND 素子4個を組み合わせた SR-FF において, $X=1$ の時, 入力 SR に応じて任意の出力 Q を設定した後

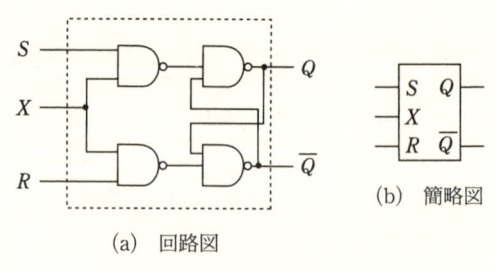

図 4.15 制御端子付 SR-FF

(a) 回路図 (b) 簡略図

に $X=0$ へ切り替えればその値を記憶できる．しかしながら，$X=1$ である間は入力値に応じた過渡の値が即座に出力されてしまう．そこで，入力の変化がただちに出力へ影響を及ぼさない工夫が必要となり，SR-FF の 2 段縦続に基づくマスタースレーブ型フリップフロップが出現した．

図4.16(a) の回路構成は制御入力 X がついた NAND 4 素子による SR-FF の縦続結合である．図(b) からもわかるように，2 段構成の前段の SR-FF を入力用に，後段の SR-FF を出力用にそれぞれ機能分担させている．

次に，この回路において制御入力の X_1 と X_2 とを NOT で結んだ場合を考える．図4.17(a) および図(b) より，$X=1$ で前段が働いて後段は出力変化し

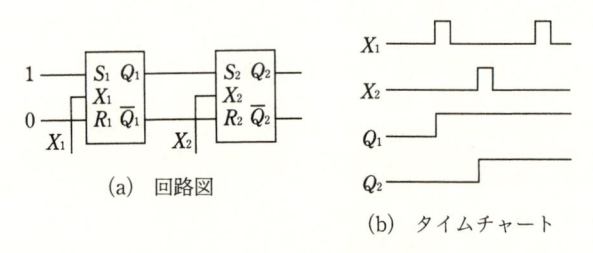

(a) 回路図 (b) タイムチャート

図 4.16 SR-FF の縦続結合

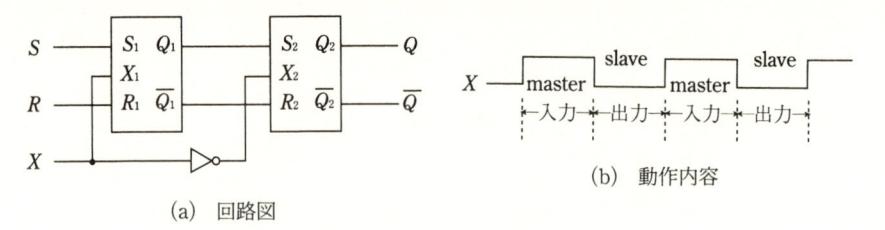

(a) 回路図 (b) 動作内容

図 4.17 SR-FF の縦続結合

ない．また，$X=0$ の時に前段で設定された値を入力として後段の出力が変化する．これは，マスター（前段，master）の SR-FF とスレーブ（後段，slave）の SR-FF とに機能を分ける考え方である．入力 X_1, X_2 は一本にまとめられて同期をとるための制御用に利用される．

SR-FF に NOR 素子を用いた場合と，NAND 素子を用いた場合のマスタースレーブ型 SR-FF の回路図を図 4.18(a)，(b) に示す．ただし，制御端子 X はタイミング用のパルス（クロックパルス：clock pulse）が入る意味で端子 C とした．

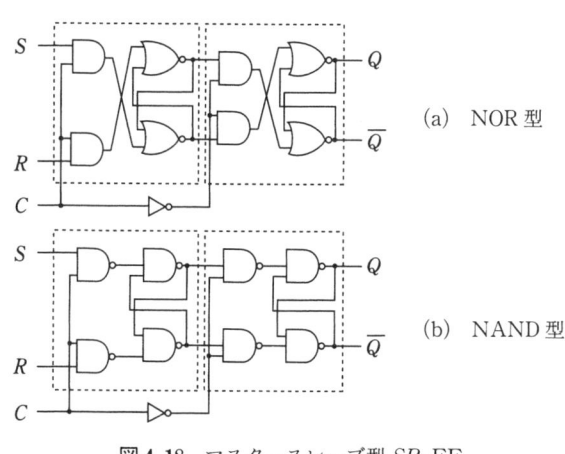

図 4.18 マスタースレーブ型 SR-FF

4.4 JK - FF

一般に，SR-FF の入力条件（$S \cdot R = 0$, $S + R = 1$ など）は使い勝手が悪く，なんらかの工夫が望まれていた．そこで，次のように帰還を付け加えた図 4.19 および表 4.11 が考えられ，JK-FF といわれるようになった．

$(JK) = (11)$ 以外では SR-FF（入力条件：$S \cdot R = 0$）の機能と同じ状態遷移であるが，禁止すべき入力部分を反転の機能に置き換えた点で異なる．つまり，Q と $\overline{Q}$ とが同時に1とならない状態遷移を利用して $S = R = 1$ を避けている．これは，考え方を理解する上で便利な回路であるが実用上の問題点がある．たとえば，図 4.20 において，SR-FF 部が記憶状態 $(Q\overline{Q}) = (01)$ の時に $(JK) = (00) \to (11)$ となった場合を考えると，

表 4.11 状態遷移表

J	K	Q	Q^{t+1}	
0	0	0	0	⎫ 保存
0	0	1	1	⎭
0	1	0	0	⎫ リセット
0	1	1	0	⎭
1	0	0	1	⎫ セット
1	0	1	1	⎭
1	1	0	1	⎫ 反転
1	1	1	0	⎭

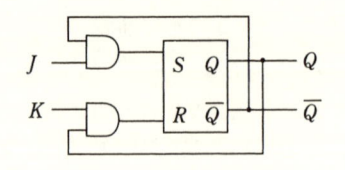

図 4.19 JK-FF の原理図

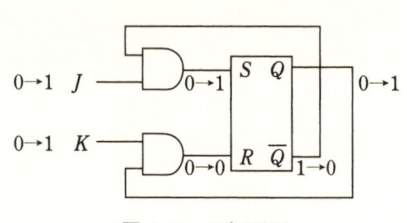

図 4.20 発振問題

$(JK) = (00) \to (11) \to (11) \to (11) \to \cdots$

$(Q\overline{Q}) = (01) \to (01) \to (10) \to (01) \to \cdots$

$(SR) = \phantom{(01) \to {}} (10) \to (01) \to (10) \to \cdots$

のように巡回して発振状態を引き起こしてしまう.

これは,クロックパルスが入ると出力が反転し,その出力が再び入力へ帰還されるという繰り返しが生じるためである.そのため,クロックパルスの幅をフリップフロップの動作時間より十分狭くする(エッジトリガ型:付録),SR-FF の入出力が同時に機能しないようにする(マスタースレーブ型),などの工夫を必要とする.ここでは,SR-FF から JK-FF への移行過程として,考え方のモデルにつごうがよいという理由からこの回路を題材に取り上げた.SR-FF の特性方程式において,$S = J \cdot \overline{Q}$,$R = K \cdot Q$ を代入すると

$$Q^{t+1} = S + \overline{R} \cdot Q = J \cdot \overline{Q} + \overline{K \cdot Q} \cdot Q = J \cdot \overline{Q} + \overline{K} \cdot Q$$

を得る.したがって,JK-FF の特性方程式は次のように書ける.

$$Q^{t+1} = J \cdot \overline{Q} + \overline{K} \cdot Q \quad \text{JF-FF の特性方程式} \tag{4.3}$$

例題 4.6 図 4.19 は SR-FF(入力条件:$S \cdot R = 0$)と入力制御用 AND 素子との組合せによる JK-FF 回路であった.その類推として,SR-FF(入力条件:$S + R = 1$)と何を組み合わせれば同様な JK-FF となるであろうか.

解 図 4.21 は,OR 素子それぞれの入力の一端が Q および $\overline{Q}$ とつながっているため,S と R とが同時に 1 となる(記憶状態)ことはあっても同時に 0 とならない.す

なわち，JK-FF の状態遷移表は記憶と反転の状態が表 4.11 の場合と逆になる．

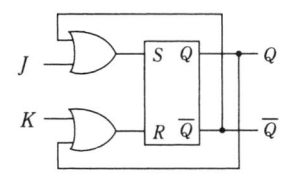

図 4.21 JK-FF（入力条件：$S+R=1$）の原理図　　　　［終］

なお，JK-FF 回路を簡略化して図 4.22 に示す．ここで，端子 C は JK 入力の通す/通さないを司るクロックパルスを，set と reset はセットおよびリセットを強制的に行う制御端子をそれぞれ意味する．C の前にある"○"印は負論理入力の NOT（無印は正論理入力）を表し，クロックパルスの立下り（無印は立上り）に同期して出力動作を行う．

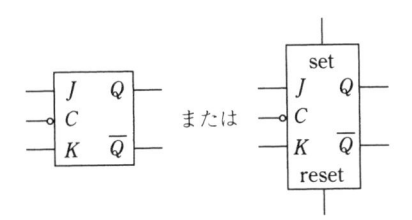

図 4.22 JK-FF の簡略図

4.5　マスタースレーブ型 JK-FF

マスタースレーブ型 JK-FF は実用上において多く利用され，SR-FF の不定入力を改善した柔軟性あるフリップフロップであるといえる（図 4.23(a)，表 4.12）．ここで，状態遷移表を (a)，(b) 2 種類示したが，それぞれ表 (a) は $Q^{t+1}=f_{unc}(0, 1, Q)^t$，表 (b) は $Q^{t+1}=f_{unc}(0, 1)^t$ とした表現の相違である．カルノー図，およびタイムチャートをそれぞれ図 (b)，図 (c) に示す．タイムチャートにおいて，$C=1$ の時に JK 入力を受理して，その入力に応じた出力を $C=0$ の時に行う様子がわかるであろう．なお，SR-FF と JK-FF のマスタースレーブ型は，終段から前段への帰還があるかないかの相違がある．

以上の内容より，論理式は次のようになり，式 (4.3) と同じになる．

$$Q^{t+1}=J \cdot \overline{Q} + \overline{K} \cdot Q$$

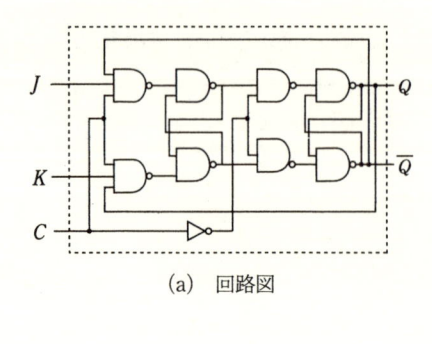

図4.23 マスタースレーブ型 JK-FF

(a) 回路図

(b) カルノー図

Q\JK	00	01	11	10
0	0	0	1	1
1	1	0	0	1

(c) タイムチャート

表4.12 状態遷移表

(a)

J	K	Q^{t+1}	機能
0	0	Q	記憶
0	1	0	リセット
1	0	1	セット
1	1	$\overline{Q}$	反転

(b)

J	K	Q	Q^{t+1}
0	0	0	0
0	0	1	1
0	1	0	0
0	1	1	0
1	0	0	1
1	0	1	1
1	1	0	1
1	1	1	0

例題4.7 次の特性方程式に従うクロックパルス同期型のフリップフロップがあるとしよう．これまでに述べた JK-FF との違いは何か答えよ．

$$Q^{t+1} = A \cdot \overline{B} \cdot Q + (A + \overline{B}) \cdot \overline{Q}$$

解 JK-FF の特性方程式である，

$$Q^{t+1} = J \cdot \overline{Q} + \overline{K} \cdot Q$$

と与式の係数とを比較して，

$$J = A + \overline{B} \quad \overline{K} = A \cdot \overline{B} = \overline{\overline{A} + B} \quad \therefore \quad K = \overline{A} + B$$

となる．表4.13 からわかるように JK-FF の入力組合せにおいて $J = K = 0$ がなく，その結果，$Q^{t+1} = Q$（記憶）の機能をもたない点で異なる．

表4.13 係数の対応表

A	B	J	K
0	0	1	1
0	1	0	1
1	0	1	0
1	1	1	1

［終］

4.6 各種フリップフロップ

種類の異なるいろいろな型のフリップフロップについて学び，それら相互の変換を行ってみる．

4.6.1 T-FF

記憶と反転の2機能をもった1入力のフリップフロップであり，分周作用を主な目的としている (式 (4.4)，表 4.14，図 4.24)．タイムチャートから，T 端子へ入ったパルス波を分周している様子がわかる．T-FF はトリガ・フリップフロップともよばれるように，エッジトリガ (edge trigger：付録) 型フリップフロップが用いられ，トリガの T が付けられた．別名，クロックが入るたびに反転動作を行うことからトグル (toggle) フリップフロップともよばれる．

$$Q^{t+1} = T \cdot \overline{Q} + \overline{T} \cdot Q \qquad T\text{-FF の特性方程式} \tag{4.4}$$

表 4.14 状態遷移表

T	Q^{t+1}	機能
0	Q	記憶
1	$\overline{Q}$	反転

(a) 簡略図　(b) タイムチャート

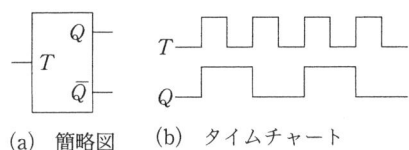

図 4.24　T-FF

例題 4.8　図 4.25 に示す回路はどのような働きをするか簡単に説明せよ．

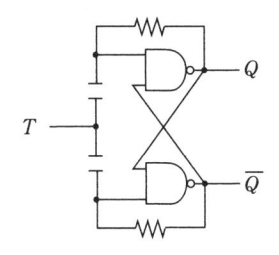

図 4.25　CR 型 T-FF

解　抵抗とコンデンサとを除いた2個の NAND 素子は，SR-FF を構成している．ここで，T 入力からコンデンサを介して入った過渡的な信号が上下の NAND 素子を瞬時に励起して，結果的に出力の反転を促すことになる．これは，コンデンサの微分作用に伴う信号変化に反応する T-FF である．　　　［終］

ここで，T-FF の特性方程式に見合う機能を JK-FF で代替する方法を述べる．まず，比較するための JK-FF の状態遷移表とそのカルノー図を示す（表 4.15，図 4.26）．

表 4.15　状態遷移表

C	J	K	Q^{t+1}
0	0	0	Q
0	0	1	Q
0	1	0	Q
0	1	1	Q
1	0	0	Q
1	0	1	0
1	1	0	1
1	1	1	$\bar{Q}$

→

C	J	K	Q	Q^{t+1}
0	0	0	0	0
0	0	0	1	1
0	0	1	0	0
0	0	1	1	1
0	1	0	0	0
0	1	0	1	1
0	1	1	0	0
0	1	1	1	1
1	0	0	0	0
1	0	0	1	1
1	0	1	0	0
1	0	1	1	1
1	1	0	0	1
1	1	0	1	1
1	1	1	0	1
1	1	1	1	0

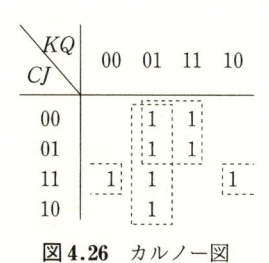

図 4.26　カルノー図

図 4.26 より，$Q^{t+1}=(\bar{C}+\bar{K})\cdot Q+C\cdot J\cdot \bar{Q}=\overline{C\cdot K}\cdot Q+C\cdot J\cdot \bar{Q}$ となり，$J=K=1$ かつ $T=C$ の時に T-FF の特性方程式 $Q^{t+1}=T\cdot\bar{Q}+\bar{T}\cdot Q$ と等しくなる．JK-FF による T-FF の簡略図を図 4.27 に示す．なお，$C=1$ かつ $J=K=T$ としても式は成立するが，この場合はエッジトリガ型の JK-FF を考えるべきであろう．それは，マスタースレーブ型において C 入力を固定するとフリップフロップの一方は常に休止状態となって都合が悪い．クロックつきの T-FF は，JK-FF の $J=K=T$ として C 端子のついた素子を考えればよく，その動作は T 入力の分周というより C 入力のそれを意味することになるであろう．

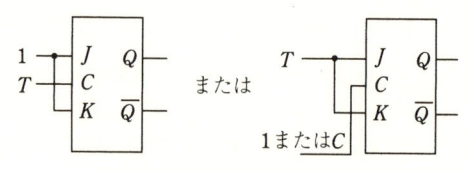

図 4.27　JK-FF による T-FF

例題4.9 図4.27とは逆に，T-FF を用いて JK-FF の機能をもたせるにはいかにすればよいか．ただし，概念的な考え方でよく，クロックパルス信号は無視してよいとする．

解 次に示すようにフリップフロップ両者の特性方程式から係数を比較すると，

$$\begin{cases} Q^{t+1} = T \cdot \bar{Q} + \bar{T} \cdot Q & (T\text{-FF}) \\ Q^{t+1} = J \cdot \bar{Q} + \bar{K} \cdot Q & (JK\text{-FF}) \end{cases}$$

$J=K$ の時：$T=J=K$ とすれば両式が一致する．すなわち，JK-FF における $(J, K)=(0, 0)$ および $(1, 1)$ の機能が有効となる．

$J \neq K$ の時：$(J, K)=(0, 1)$ と $(1, 0)$ とに分かれる．さらに，それらおのおのについて Q が 0 か 1 かで処理が分かれることになる．

$(J, K)=(0, 1)$ の時：T-FF で $Q=T=0$，または，$Q=T=1$ とすれば次の状態が $Q^{t+1}=0$ となり両者は等しい．

$(J, K)=(1, 0)$ の時：T-FF で $Q=0$ かつ $T=1$，または，$Q=1$ かつ $T=0$ とすれば次の状態が $Q^{t+1}=1$ となり両者は等しい．

これより，現在の出力値 Q を知って処理を分岐させればよいことになる．以上を流れ図およびその概念図としてまとめると，図4.28のようになる．

```
〈始〉→〈J=K?〉─→ yes → ・・・・ ─────────────→ T=J=K
           └→ no →〈(JK)=〉─→(01)→〈Q^t=〉─→ 0 → T=0
                                      └→ 1 → T=1
                         └→(10)→〈Q^t=〉─→ 0 → T=1
                                      └→ 1 → T=0
```

(a) 条件 T の流れ図

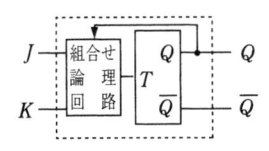

(b) 回路構成の概念図　　図4.28　T-FF による JK-FF　　［終］

4.6.2　D-FF

D-FF の簡略図を図4.29(a)に示す．表4.16から，入力と出力とが同じ値となっているが，出力動作の起こる時点がクロックパルスの定まった時刻に限られているため，波形整形や遅延用（後述）として主に利用されている（図(b)）．D-FF の特性方程式を式(4.5)に示す．なお，D-FF は，delay の頭文字 D をとったものである．

(a) 簡略図　　　(b) タイムチャート

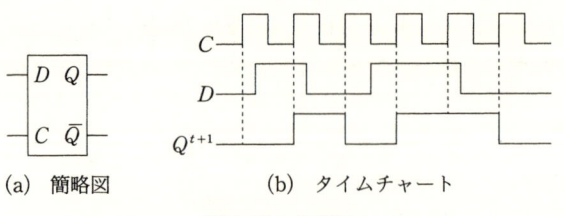

図4.29 D-FF

表4.16 状態遷移表

D	Q^{t+1}
0	0
1	1

$$Q^{t+1} = D \qquad \text{D-FFの特性方程式} \tag{4.5}$$

ここで，JK-FF を利用して D-FF の機能を代替させると，

$$Q^{t+1} = D = D \cdot (Q + \overline{Q}) = D \cdot Q + D \cdot \overline{Q} \quad \longleftrightarrow \quad Q^{t+1} = \overline{K} \cdot Q + J \cdot \overline{Q}$$

なる対応がとれる．両者を比較して $J = D$，$\overline{K} = D$ が得られる．したがって，回路図，状態遷移表は図4.30(a)，表4.17のようになる．同様に，SR-FF を用いても等価な D-FF を作ることができる．図(b)より $S \ne R$ であるため，「不定」や「禁止」領域を考える必要のないことがわかる．

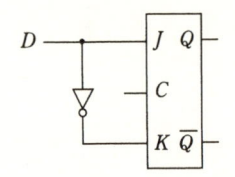

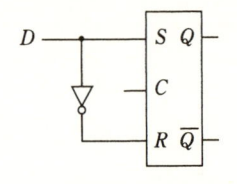

(a) JK-FF による回路図　　(b) SR-FF による回路図

図4.30 JK-FF，SR-FF による D-FF

表4.17 状態遷移表

D	Q	Q^{t+1}
0	0	0
0	1	0
1	0	1
1	1	1

例題4.10 D-FF を使用して SR-FF を実現せよ（ただし，実際の状況においてこのような置換えの必要性はないと思われる）．

解 D-FF は入力値をそのまま次のクロックパルスにおいて出力値とする機能がある．したがって，SR-FF の特性方程式 $Q^{t+1} = S + \overline{R} \cdot Q$ をそのまま $D = S + \overline{R} \cdot Q$ と

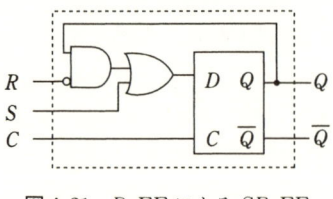

図4.31 D-FF による SR-FF

表4.18 状態遷移表

S	R	Q^{t+1}
0	0	Q
0	1	0
1	0	1
1	1	1

すればよい．この SR-FF では $S=R=1$ の不定入力に対しても Q の値にかかわらず $Q^{t+1}=1$ を出力することから，セット優先 SR-FF ともいえる．ただし，出力動作の変化する時点は，クロックパルス C の変化時に同期していることはいうまでもない．

[終]

例題 4.11　D-FF を使用して T-FF を構成せよ．

解　図 4.32(a) と Q の初期値を 0 とした図 (b) から，表 4.19 に従った動作となることが容易に理解できる．

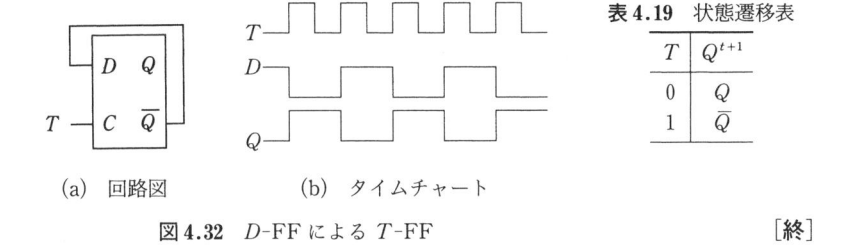

表 4.19　状態遷移表

T	Q^{t+1}
0	Q
1	$\bar{Q}$

(a) 回路図　　(b) タイムチャート

図 4.32　D-FF による T-FF

[終]

4.7　その他

今まで扱ってきた各種フリップフロップの特性方程式をまとめると次のようになる．ただし，SR-FF は NOR 型と NAND 型の二種類に分かれ，記号 "−" は否定を意味する．まず，五種類の特性方程式をまとめて以下に示す．

SR-FF：$Q^{t+1}=S+\bar{R}\cdot Q$　（入力条件：$S\cdot R=0$）

　　　　$Q^{t+1}=\bar{R}+S\cdot Q$　（入力条件：$S+R=1$）

JK-FF：$Q^{t+1}=J\cdot\bar{Q}+\bar{K}\cdot Q$

D-FF　：$Q^{t+1}=D$

T-FF　：$Q^{t+1}=T\cdot\bar{Q}+\bar{T}\cdot Q$

次に，五種類のフリップフロップをまとめた状態遷移表を表 4.20 に示す．

補足として，これまで述べた特性方程式それぞれに，クロックパルス (C) を含めた表現をしてみる．ただし，$C=\{0,1\}$ はクロックパルス {なし，あり} を意味する．すなわち，クロックパルスがある時にすでに示した特性方程式を満足して，ない時に現在のフリップフロップ値をそのまま継承するような式に変形すればよい．クロックパルスを含んだ特性方程式を五種類それぞれ以下に示す．

表 4.20　五種類の状態遷移表

Q^t	Q^{t+1}	SR-FF S	SR-FF R	SR-FF S	SR-FF R	JK-FF J	JK-FF K	D-FF D	T-FF T
0	0	0	ϕ	—	—	0	ϕ	0	0
0	1	0	1	0	1	1	ϕ	1	1
1	0	1	0	1	0	ϕ	1	0	1
1	1	—	—	1	ϕ	ϕ	0	1	0

$(S \cdot R = 0)$　$(S + R = 1)$

- SR-FF：$Q^{t+1} = S + \bar{R} \cdot Q$ 　　　　　　　　$(S \cdot R = 0) \to$
  $C \cdot (S + \bar{R} \cdot Q) + \bar{C} \cdot Q = C \cdot S + (\bar{C} + \bar{R}) \cdot Q = C \cdot S + \overline{C \cdot R} \cdot Q$
  ：$Q^{t+1} = \bar{R} + S \cdot Q$ 　　　　　　　　　$(S + R = 1) \to$
  $C \cdot (\bar{R} + S \cdot Q) + \bar{C} \cdot Q = C \cdot \bar{R} + (\bar{C} + S) \cdot Q$
- JK-FF：$Q^{t+1} = J \cdot \bar{Q} + \bar{K} \cdot Q$ 　　　　　　　　　　$\to$
  $C \cdot (J \cdot \bar{Q} + \bar{K} \cdot Q) + \bar{C} \cdot Q = C \cdot J \cdot \bar{Q} + (\bar{C} + \bar{K}) \cdot Q = C \cdot J \cdot \bar{Q} + \overline{C \cdot K} \cdot Q$
- D-FF：$Q^{t+1} = D$ 　　　　　　　　　　　　　　$\to$
  $C \cdot D + \bar{C} \cdot Q$
- T-FF：$Q^{t+1} = T \cdot \bar{Q} + \bar{T} \cdot Q$ 　　　　　　　　　　$\to$
  $C \cdot (T \cdot \bar{Q} + \bar{T} \cdot Q) + \bar{C} \cdot Q = C \cdot T \cdot \bar{Q} + (\bar{C} + \bar{T}) \cdot Q = C \cdot T \cdot \bar{Q} + \overline{C \cdot T} \cdot Q$

5章　順序回路—I

順序回路(sequential circuit)とは，任意の時刻におけるその時の入力値と回路の状態に従って，ある特定の出力値をもたらす回路である．それらは，非記憶素子と記憶素子とを任意に組み合わせた構成となっている．代表的なカウンタ回路は数値を数える記憶を伴った系であり，大別して非同期式と同期式とに分けられる．非同期式は考え方が容易な上に回路も直感的に構成できる利点がある．しかしながら，直列接続から生ずる時間遅れが原因して高速処理には適さない向きがある．一方，同期式はこれらの利点と欠点とを入れ換えた内容であり，入・出力や演算などの動作を行う場合，クロックパルスに同期して変化する動作を行う．非同期式や同期式を問わず，カウントする方向が増加するアップカウンタおよび，減少するダウンカウンタがあり，その両者を兼ね備えたアップ/ダウンカウンタも存在する．なお，順序回路の設計において，ディジタルカウンタを構成するフリップフロップの素子数を m として記憶の状態数を n とすれば，$n \leq 2^m$ なる関係を保つ必要がある．一般に状態遷移図(state flow diagram)とは状態遷移表と等価なグラフ表現である線図を意味する．

5.1　非同期式カウンタ

非同期式カウンタ(asynchronous counter)は，リップルカウンタ(ripple counter)ともよばれ，信号がさざ波のように縦続的に伝ぱんしながら動作するカウンタである．以下に，具体例として T-FF による8進アップカウンタの状態遷移図，回路図，およびタイムチャートを示す(図5.1)．ただし，$q_0 \sim q_7$ は八つの継続的な記憶状態それぞれを意味して，具体的なフリップフロップの出力端子から得られる3ビット2進数 $(000)_2 \sim (111)_2$ がそれぞれ割り当てられる．

タイムチャートから明らかなように，クロックパルスの立上りに同期して出力変化が起こる．その結果，パルス周波数が半減して1/2分周の機能をもつよ

(a) 状態遷移図

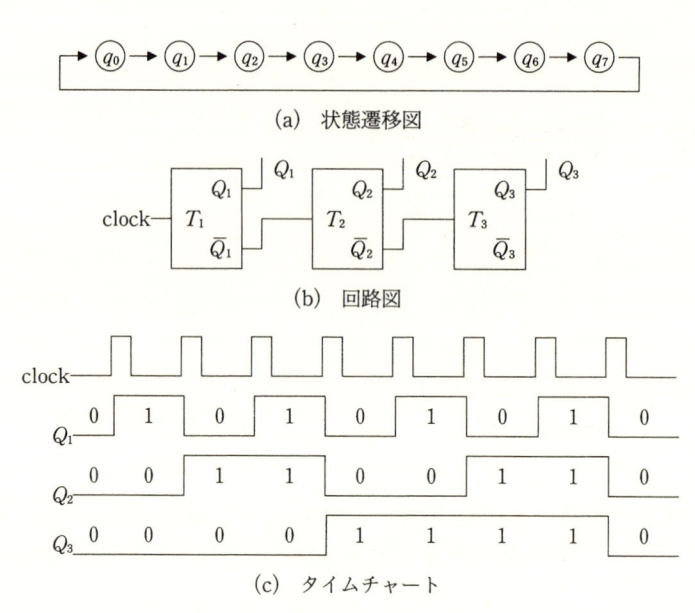

(b) 回路図

(c) タイムチャート

図 5.1　非同期 8 進アップカウンタ

うになり，2^n（$n=3$）進のアップカウンタが構成できる．

例題 5.1　図 5.1 の 8 進カウンタにおいて，次段の T 入力へ接続される $\overline{Q}$ 出力のかわりに Q 出力を用いると，ダウンカウンタが構成できることを確認せよ．

解　容易に確かめられるため，各自で試みよ．　　　　　　　　　　　[終]

例題 5.2　非同期式 5 進アップカウンタを求めよ．

解　考え方として，3 段のフリップフロップ出力 $(Q_3Q_2Q_1)=(000)\sim(100)$ 部分をカウント動作として機能させ，$(101)\sim(111)$ を未使用部分としてスキップすればよい．そのため，(101) を検出して瞬時にリセット状態 (000) へ移行させる手段が考えられ，リセットつき T-FF を用いて，以下のように図 5.2 が得られる．ここで，$R_{1\sim3}$ はそれぞれリセット端子である．　　　　　　　　　　　　　　[終]

例題 5.3　図 5.3(a)（$J=K=1$ は省略）は何進カウンタになるか．また，タイムチャート図はどのようになるか．ただし，C はクロックパルスを意味する．

解　この回路は 10 進アップカウンタであり，$(Q_4Q_3Q_2Q_1)$ が $(0111)\to(1000)\to$

(a) 回路図

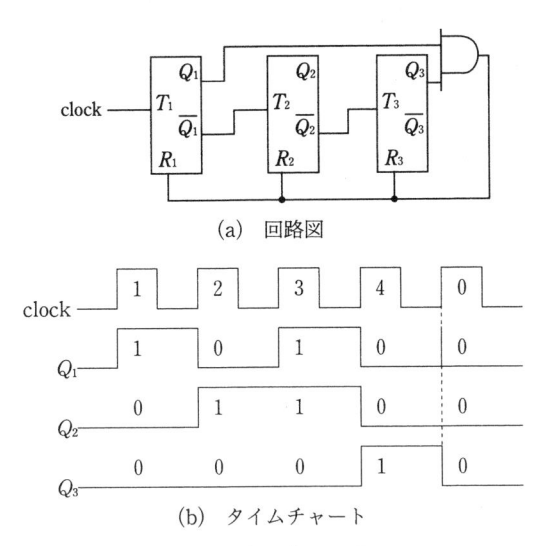

(b) タイムチャート

図 5.2 非同期式 5 進アップカウンタ

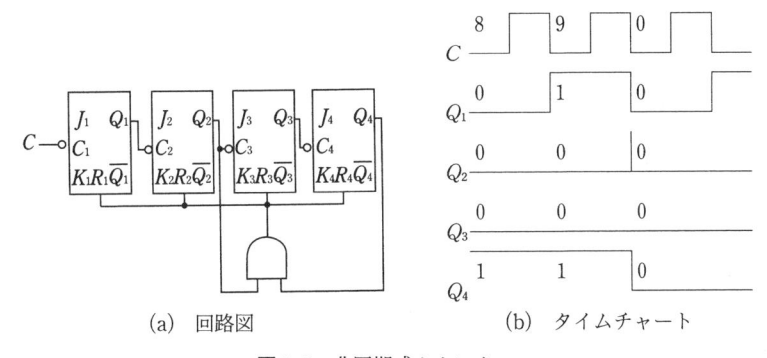

(a) 回路図

(b) タイムチャート

図 5.3 非同期式カウンター

(1001) → (0000) …のように推移するためのリセットを強制している．すなわち，(1010) になろうとした瞬間に $Q_4 Q_2$ が強制的に 0 となるため，カウント 0〜9 以外には進まない．タイムチャートを図 (b) に示す．

ただし，図 5.2 および図 5.3 において実際の動作を見ると前者が Q_1 に，後者が Q_2 に生じた「ヒゲ」（ハザード：後述 5.2.1 節）の影響で後段の素子を誤動作させる恐れがある（リセット信号に幅をもたせるなどの対処法が考えられる）． ［終］

5.1.1 非同期式カウンタ各種

図 5.4(a) に示す T-FF 3 個を用いた順序回路は，リセット端子を用いない

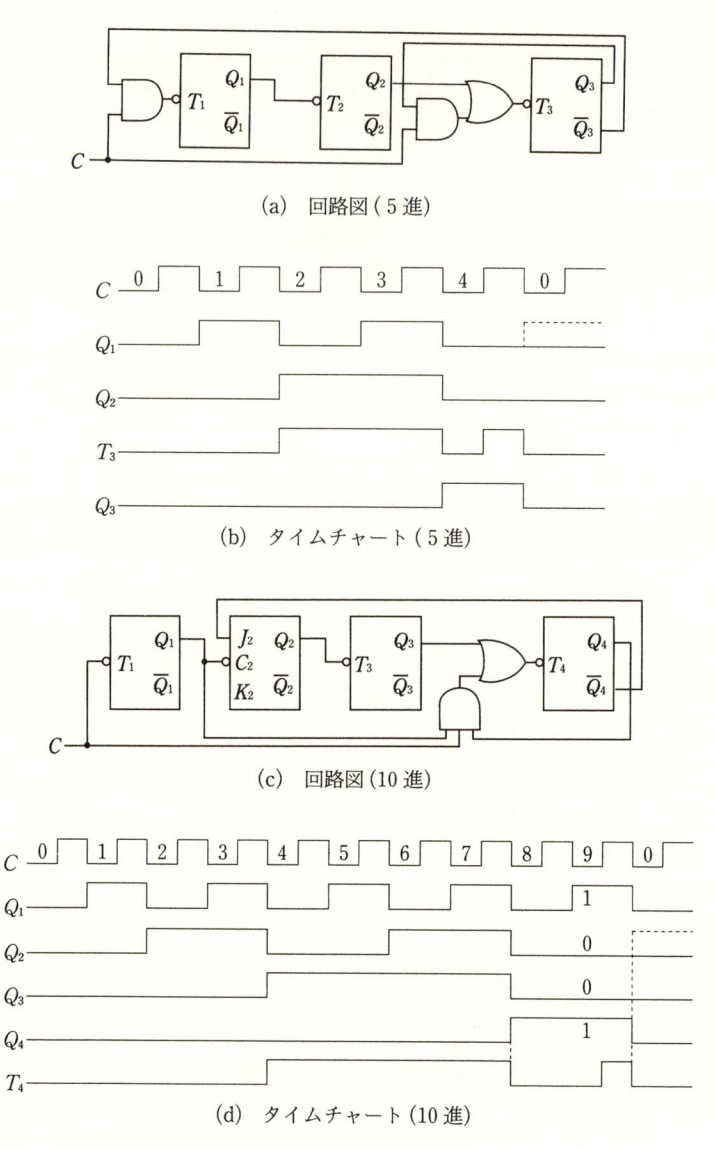

(a) 回路図（5進）

(b) タイムチャート（5進）

(c) 回路図（10進）

(d) タイムチャート（10進）

図 5.4 非同期式アップカウンタ

非同期式5進カウンタの一例である．一見して何進カウンタであるかわかりづらいが，図(b)を含めて考察しよう．$(Q_2 Q_1)$ は，クロックパルスが $1 \to 0$ で動作する4進カウンタとして働き，$(11) \to (00)$ へ変化するとき $Q_3 = 1$ を伴う．

ただし，$(Q_3Q_2Q_1)=(100)$ の次の状態を (101) とせず (000)，すなわち，Q_1 と Q_3 が1とならないように T_3 への入力を工夫している．なお，OR の用途は通常の経路である $Q_2 \to T_3$ と強制リセット用の経路（AND）とを両用させるためである．

次に，図(a)，(b)の拡張として，T-FF と JK-FF とを混ぜた10進カウンタの場合を同図(c)，(d)に示す．$(Q_4Q_3Q_2Q_1)=(0000)\sim(1001)$ と遷移した後，(1010) とならないように Q_2 と Q_4 をリセットする工夫がある．すなわち，$\overline{Q_4}=0$ を利用して $Q_2=0\to 1$ を抑え，Q_1 と Q_4 を利用して $Q_4=1$ を抑え，それぞれ0へ転じさせている．なお，T-FF だけを用いても非同期式10進カウンタを構成することができる（省略）．

ここで，初期値を $Q_1\sim Q_4=0$ 以外の値にするとどうなるであろうか．たとえば，$(Q_4Q_3Q_2Q_1)^t=(1010)$ からスタートさせると $(1010)\to(1011)\to(0100)\to\cdots$ となってカウント $0\sim 9$ 内へ復帰する．ところが，$(1100)\to(1101)\to(1100)\cdots$ のように局所的な繰返しが起こって $0\sim 9$ 内へ復帰しない場合もある点に注意しよう（表5.1）．

表5.1　カウント10以上の状態遷移

	$(Q_4Q_3Q_2Q_1)^t$					
t	1010	1011	1100	1101	1110	1111
$t+1$	1011	0100	1101	1100	1111	0000
$t+2$	0100	0101	1100	1101	0000	0001
・	・	・	・	・	・	・
・	・	・	・	・	・	・

例題5.4　制御信号 x が 0/1 の時，アップ/ダウンの8進可逆カウンタとして動作するようにしたい．JK-FF を3個使用するとして論理式を求めよ．ただし，$J_i=K_i=1$ $(i=1\sim 3)$ とする．

解　図5.5(a)と図(b)を以下に示す（タイムチャートは省略）．状態遷移図において $q_0\sim q_7$ は8状態のおのおのを，右回りはアップカウンタを，左回りはダウンカウンタをそれぞれ意味する．なお，JK-FF の JK 端子はすべて値1に固定してある（省略）．ここで，アップとダウンの切り替えは，$x=1$ の入力時に EOR 出力が NOT 機能となることを利用している．

その結果，C_2，C_3 へ入力される Q_1，Q_2 の出力が立下り動作の時にアップカウンタ，立上り動作の時にダウンカウンタとなる．したがって，各素子の出力波形を反

```
                    (a) 回路図                              (b) 状態遷移図
```

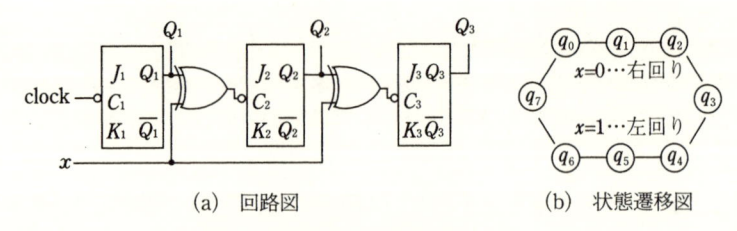

図 5.5　非同期式 8 進可逆カウンタ

転制御できるようにすればよく，制御部分の論理式は次のようになる（タイムチャートは省略）．

$$C_{i+1} = \bar{x} \cdot Q_i + x \cdot \bar{Q}_i = x \oplus Q_i \quad (i=1, 2)$$

[終]

例題 5.5　10 進カウンタを用いて 99 までカウントするにはどのような回路構成とすればよいか．

解　図 5.6 のような縦続結合にすればよい．すなわち，カウントが 9 (1001) になると NAND が働いて，次の時刻に上位桁のカウントが一つ増すことになり，2 桁で 0 ～99 のカウント動作ができる．

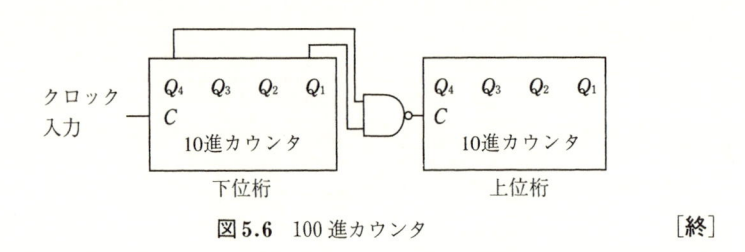

図 5.6　100 進カウンタ

[終]

5.2　準同期式カウンタ

5.1 節で述べた非同期式カウンタは，前段の出力結果が次段動作のトリガになる従属関係となっていた．このような連鎖的接続に対して，クロックパルスと組合せ論理回路による動作タイミングを工夫した同期式のカウンタがある．後述 (6 章) の同期式カウンタ (synchronized counter) は，複数の組合せフリップフロップにおいてクロック入力をすべてひとまとめにした完全な並列動作を保証している．これに対して，ここで述べる方法はクロックパルスを含めた組合せ論理回路をクロック入力に利用していることから，準同期式カウンタとよぶことにする（この意味では図 5.4 も準同期式とすべきであろう）．以降，

5.2.2〜5.2.3節にT-FFやJK-FFを用いた8進カウンタ，3進カウンタの例を示す．ただし，両者ともクロックパルスの伝ぱんに工夫をこらして同期させた，むしろ直感に頼った設計方法であるといえる．まず，複数の素子が組み合わされた状態で問題となる遅延時間や同期タイミングなどに触れよう．

5.2.1 遅延時間の影響

T-FFを用いた図5.7を時間遅れの観点から考えよう．ただし，AND素子自体の遅延は考えないとする．

(a) 負論理入力の場合　　(b) タイムチャート

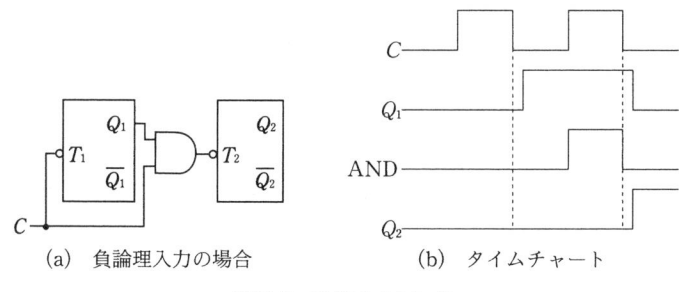

図5.7　動作タイミング

(a) 正論理入力の場合　　(b) タイムチャート

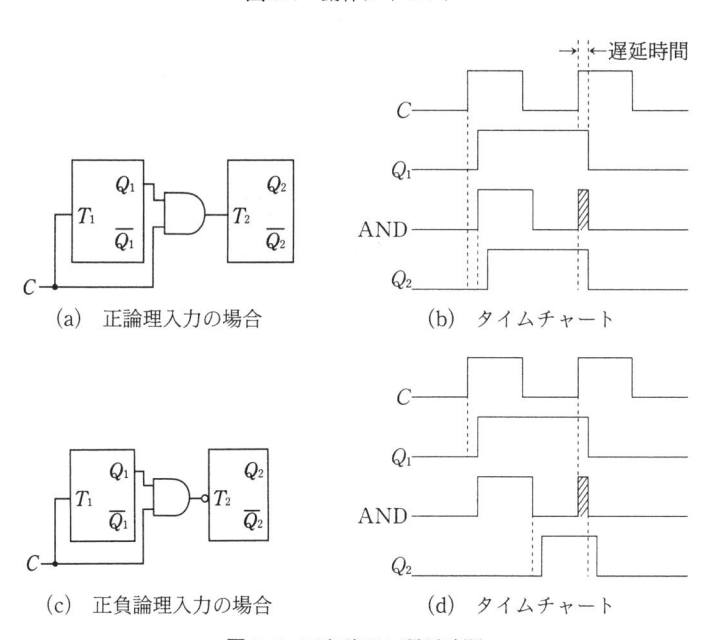

(c) 正負論理入力の場合　　(d) タイムチャート

図5.8　正負論理と遅延時間

クロックパルス C の立下り時に Q_1 が反転して，AND の出力 = 0 に同期して Q_2 が反転動作をする．ここで，Q_1 の立下りは C のそれよりわずかに遅れ (数十ナノ秒)，AND 入力は C が優先して受理されることになる．すなわち，縦続するフリップフロップの数が多くなっても時間遅れは素子1個分ですむことになる．T-FF の入力を負論理としたが，他の場合はどうであろうか．

図 5.8(a)〜(d) に関してフリップフロップ素子の遅延を含めた動作の比較をしてみよう．図 (a), (c) はタイムチャート図 (b), (d) に示すように途中に余計なパルスが発生していることから，カウンタ動作として高速処理を期待できないことがわかる．このように，クロックパルスとフリップフロップ出力とを組み合わせる型の順序回路を設計する場合は，「ハザード」(hazard) に注意する必要がある．ハザードとは，信号の伝ぱん時間に差がある場合，入力信号が変化したさいに組合せ回路の論理値とは異なった「ヒゲ」状の雑音が現れる症状をいう．

5.2.2 準同期式 8 進カウンタ

次の例は，初段から終段までのフリップフロップがクロックパルスと同時に反応して動作する準同期式カウンタの一種である．すなわち，初段の信号から

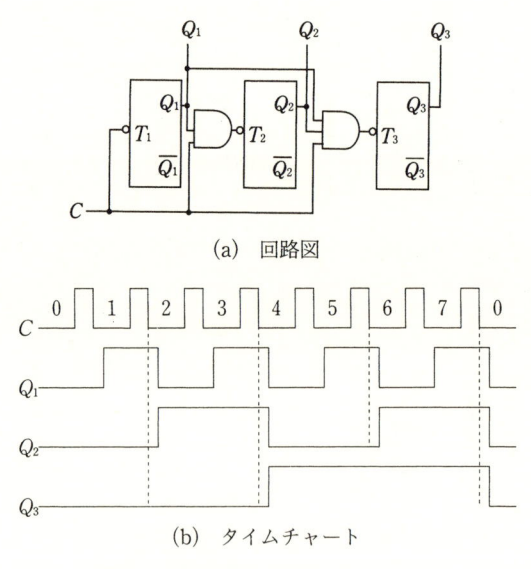

(a) 回路図

(b) タイムチャート

図 5.9 準同期式 8 進アップカウンタ

終段の信号までクロックパルスを介して並列的に結ばれ，その立上り（下り）に同期して出力動作が並列的に変化することを期待したものである．まず，8進アップカウンタの例をとりあげよう．

図 5.9(a) は非同期式カウンタの構成と似ているが，すべてのフリップフロップは基準となるクロックパルスに同期させるための配慮が施されてある．すなわち，T_2 と T_3 は AND 素子の出力（$0 \to 1$）に同期して動作するため，三つのフリップフロップへ並列に供給された C が動作遅れを抑えることになる．この様子は，図 (b) からも容易に判断できる（初期値は $Q_1=Q_2=Q_3=0$）．

例題 5.6　図 5.9 の回路を変形して負論理の T 入力と AND 素子との組合せから正論理の T 入力と NOR 素子との組合せに変えた動作を示せ（図 5.10(a)）．

(a)　回路図

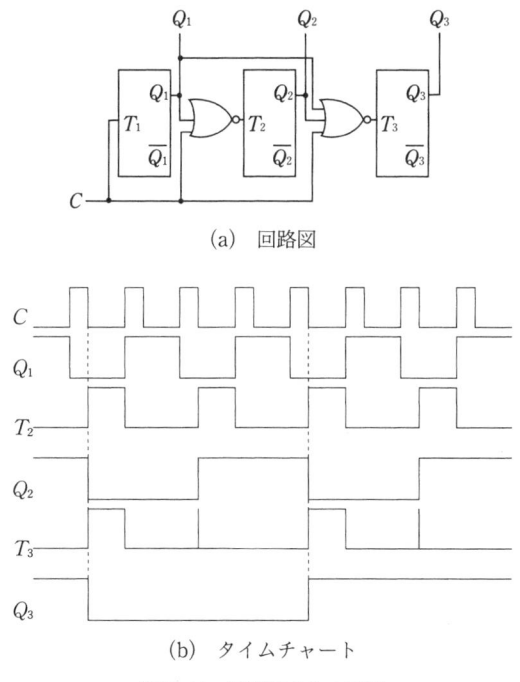

(b)　タイムチャート

図 5.10　回路図 5.9 の変形

解　図 (b) から，自然 2 進数ではない状態遷移が見られる．一見，出力 Q_3 はモジュール 8 のカウンタになっているとみなせるが，T_3 においてハザードが生じる（図 (b) ヒゲ 2 箇所）ため，さらに不規則な動作となる．この種のハザード対処は，時間

遅れ調整などによりある程度の回避が可能であろう． ［終］

5.2.3 準同期式3進カウンタ

図 5.11(a) は 3 進アップカウンタであるが，この図からすぐにはわからない．図 (b) に従って，以下に動作を説明する．なお，この例はクロックの通過制御を巧妙に行っている点に特徴がある（J, K 入力はすべて"1"に固定）．

この回路は，(Q_2Q_1) が $(00) \to (01) \to (10) \to (11)$ と進行しようとするとき $(00) \to (01) \to (10) \to (00)$ となるように強制している．すなわち，$\overline{Q_2}=0$ を利用して初段の変化を抑え，また $C \cdot Q_2 = 1 \to 0$ を利用して Q_2 を初期化している．

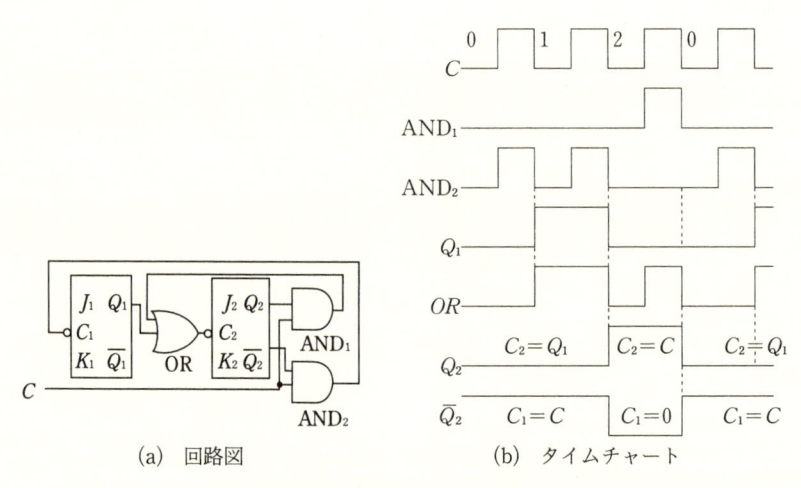

図 5.11 3 進アップカウンタ

> **例題 5.7** 図 5.12 はどのような動作をするか答えよ．

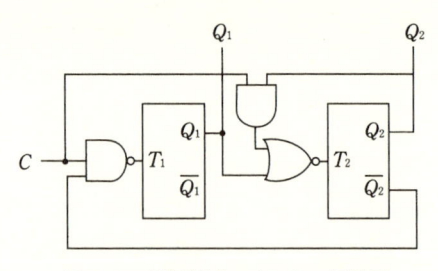

図 5.12 準同期式カウンタの回路図

[解] NOR と NAND をそれぞれ OR＋NOT と AND＋NOT に置き換えれば，図 5.11 の準同期式 3 進アップカウンタと同じになることがわかる．これは，図 5.4 に示した 5 進や 10 進の回路動作と同じ考え方に基づいている． [終]

5.2.4 同期のタイミング

JK-FF における同期タイミングとそのフローチャートについて，入力 J，K とクロックパルス C とが同時に変化した場合の動作変化を考える（図 5.13）．

これは，$J=K=0$ で保存，$J=K=1$ で反転動作をする．C の立上り時に，J と K 両方が 0 から 1 へ変化すると Q が反転するであろうか．システムの動作において，クロックパルスをシステム全体におけるタイミングの基準におき，入力 J，K をシステム内における任意の出力から導く場合がほとんどである．したがって，過渡変化における入力 J，K が C に先立って変化することは考えがたい．つまり，クロックパルスと同時に変化する入力信号は，その変化直前の値をもってフリップフロップに受理されると考えるべきであろう．

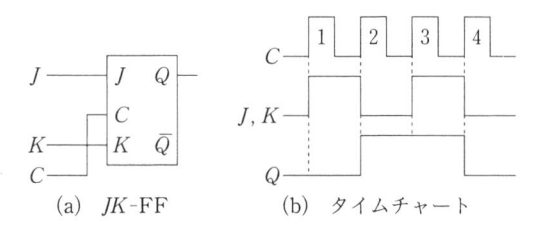

図 5.13 同期タイミング

[例題 5.8] JK-FF の縦続接続による同期について図 5.14(a) の動作を述べよ．

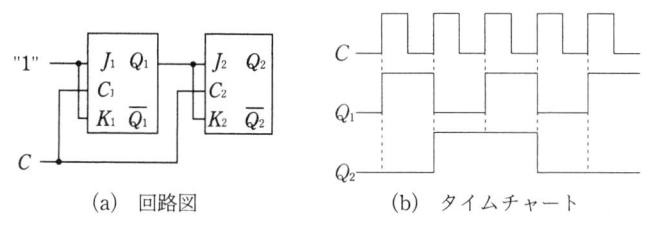

図 5.14 同期タイミング

[解] Q_1 の変化については明らかであるが，Q_2 の変化については C_2 立上り時における J_2 と K_2 値に依存する．しかしながら，この立上り時と J_2 や K_2 値が同時に変化する場合は問題である．今回のような記憶素子が縦続している場合に，出力の動作

はクロックパルスに先行することがないのでわずかに時間遅れを生じる．その結果，図(b)に示すような Q_1 の変化直前の値をもって次段の入力となる． [終]

次に，記憶部として，遅延回路(delay unit)を D-FF で実現すると，図5.15(a)のように表すことができる．図(b)をみると，出力 Q_1 は時系列信号をクロックパルスに同期させたタイミングで動作変化が起こり，出力 Q_2 はクロックパルス1個分遅れて変化する様子がわかる．ここで Q_1 の信号が変化するとき，次段の入力 D_2 の受け取る信号が Q_1 の変化直前の値であり，変化時の値ではないことに注意する必要がある．

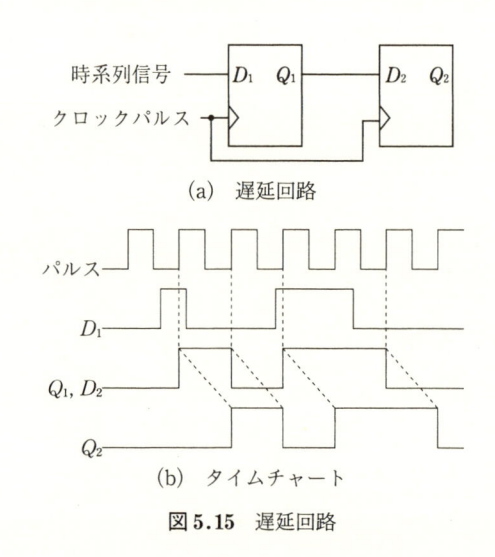

(a) 遅延回路

(b) タイムチャート

図5.15 遅延回路

この例でクロックパルスは，信号が前段から後段へ次々とシフトする状況から「シフトパルス」ともよばれる．クロックパルスに基づく同期型システムにおいて，D-FF を1個用いることは1クロック分の時間遅れを生じさせることに結びつく．なお，クロックパルスの入力端子にあるクサビ印は「エッジトリガ型」フリップフロップ(付録)の動作であることを意味するが，マスタースレーブ型フリップフロップを用いても同じ結果となる．タイムチャートからわかることは，クロックパルスに同期していない信号系列 D_1 を，動作変化のタイミングを同期させて出力し，D_2 のようなすでにクロックパルスに同期した信号系列に対しては1段で1クロック分の遅延として出力する．

6章　順序回路－II

　改めて，同期式カウンタについての設計方法を考えてみよう．非同期式と同期式の制御回路はその機能だけでなく，構成や設計手順の点で大きく異なることはすでに触れた．準同期式カウンタにおいて，非同期式カウンタの時間遅れに対処すべきクロックパルス入力の回路をさまざまな形に工夫した．しかしながら，それら変形の過程がカウンタの種類ごとに統一していないため，設計するさいに手順を追って回路を構築することが難しい．ここでは，クロックパルス入力をすべて一箇所に結んで並列駆動させることを前提とした，時間遅れの生じがたい「完全な同期型」の順序回路の設計法について説明する．なお，回路図におけるフリップフロップの順番が統一されているとは限らない点に注意されたい．

6.1　動作方程式

　一般に，I 個の入力と J 個の出力があり，K 個の内部状態をもつ順序回路は次の式で表すことができる．

$$\begin{cases} 入力 = \{x_i | x_1, x_2, \cdots, x_I\} & (i=1, 2, \cdots, I) \\ 出力 = \{y_j | y_1, y_2, \cdots, y_J\} & (j=1, 2, \cdots, J) \\ 状態 = \{q_k | q_1, q_2, \cdots, q_K\} & (k=1, 2, \cdots, K) \end{cases}$$

$f_{unc(\cdot)}$ は f_{unc} が "・" の関数であるとして，t を現在の時刻，$t+1$ を次の時刻とすれば以下の関係がある．

$$y_j{}^t = f_{unc}(x_1, x_2, \cdots, x_I\,;\,q_1, q_2, \cdots, q_K)^t$$
$$q_k{}^{t+1} = f_{unc}(x_1, x_2, \cdots, x_I\,;\,q_1, q_2, \cdots, q_K)^t$$

ここで，$f_{unc(\,)}$ は「出力関数」または「状態遷移関数」として要望する機能別の論理関数を意味する．この式において $y_j{}^t$ は現入力と現状態によってその時の出力が得られることを，また $q_k{}^{t+1}$ は，現入力と現状態によって次の時刻における状態が定まることを意味する．前者は出力方程式，後者は「制御方程式」や「状態方程式」などとよばれ，両者をまとめて「動作方程式」とする場合が

ある．ただし，本書では前者を単に論理式，後者を特性方程式とよぶことにする．

例として，入力が1個でフリップフロップ2個（出力＝$Q_1, Q_2)^t$を用いた場合の状態遷移は，次のように表せる．

$$Q_{1or2}^{t+1} = f_{unc}(x \; ; \; Q_1, Q_2)^t \quad \text{または} \quad f_{unc}(x \; ; \; q_1, q_2)^t$$

6.2 同期式2^n進カウンタ

6.2.1 4進カウンタ

まず，T-FFを用いて，設計手順を必要としない簡単な具体例をとりあげる．クロック端子つきのT-FF2個を縦続接続させた場合の回路図とそのタイムチャートを図6.1に示す．T-FFが反転動作をするのは$T=1$の時であるが，クロック入力は並列駆動であり，1段目と2段目のフリップフロップの動作時点が同時刻となる．これより，4進アップカウンタの動作をしていることがわかる．なお，タイムチャートにおいて，Q_2の点線部で変化していない理由は，T_2がクロックパルス立下り直前のQ_1をとることによる．

(a) 回路図　　　　　　(b) タイムチャート

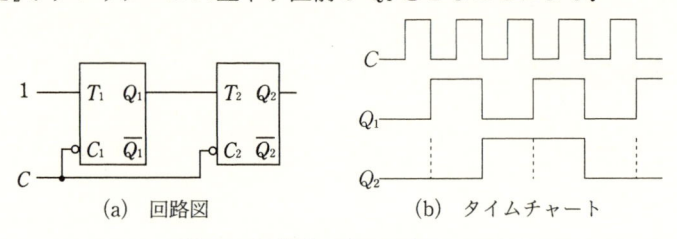

図6.1　同期式4進アップカウンタ

例題6.1　図6.1のアップカウンタにおいて，ダウンカウンタの機能を追加するためにはどのような変更が必要か．

解　切替え制御を加えて，T_2を立上り/立下りの選択ができればよい．図6.2(a)はアップ/ダウンカウンタ（up/down＝0/1），図(b)はダウンカウンタの場合である．

(a) 回路図　　　　　　(b) タイムチャート

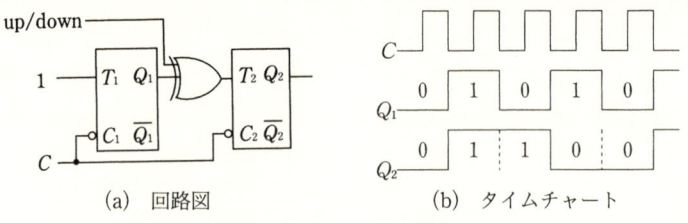

図6.2　同期式4進アップ/ダウンカウンタ　　　　　　［終］

6.2.2　8進カウンタ

T-FF を用いて，設計手順を必要としない別の例を取り上げる．例題 6.1 のカウンタの類推として，同期式 8 進アップカウンタの回路図およびタイムチャートを考える (図 6.3)．T_3 へつながる AND の入力が Q_1 と Q_2 であることによりカウント = 3, 7 において Q_3 が反転しないようになっている．参考のため，3 段目の入力 T_3 において AND 素子を介さずに Q_2 と直結させた場合の出力 (Q_3') をタイムチャートに追記する．

(a)　回路図　　　(b)　タイムチャート

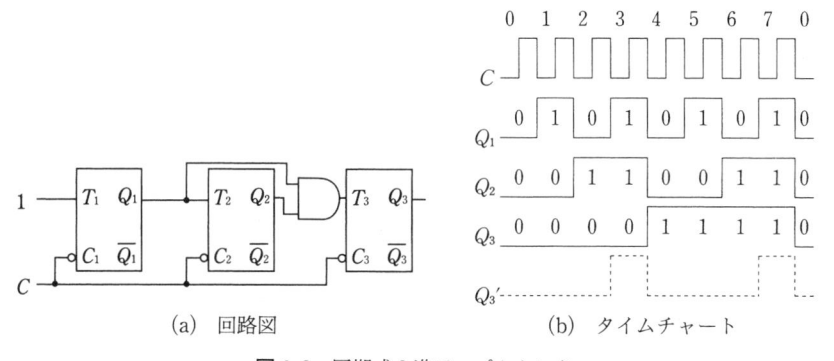

図 6.3　同期式 8 進アップカウンタ

例題 6.2　次に示す図 6.4(a) は，どのような働きがあるかを述べよ．

(a)　回路図　　　(b)　タイムチャート

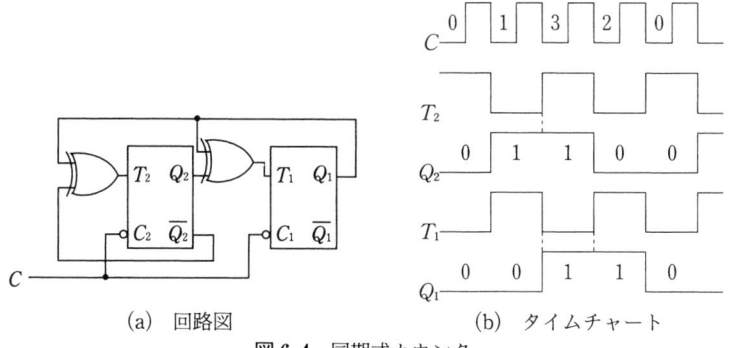

図 6.4　同期式カウンタ

解　4 進のグレイカウンタとなる．状態遷移表，論理式，および，タイムチャートを表 6.1，図 (b) に示す．

$$T_1 = Q_1 \oplus Q_2 \qquad T_2 = \overline{\overline{Q_1} \oplus Q_2} (= \overline{Q_1} \oplus Q_2 = Q_1 \oplus \overline{Q_2})$$

表 6.1 状態遷移表

t		$t+1$		t	
Q_1	Q_2	Q_1	Q_2	T_1	T_2
0	0	0	1	0	1
0	1	1	1	1	0
1	1	1	0	0	1
1	0	0	0	1	0

カウントが 0, 1 と進んだ次の段階で $T_2=0 \to Q_2=$ 非反転 および $T_1=1 \to Q_1=$ 反転 となり $Q_1Q_2=(11)_2$ を出力している(初期値は $Q_1=Q_2=0$ である). 次の段階では $T_2=1 \to Q_2=$ 反転 および $T_1=0 \to Q_1=$ 非反転 となり, $Q_1Q_2=(10)_2$ へ変化する.

[終]

6.3 係数比較に基づく順序回路の設計法

論理式を標準形に直し,次にその係数比較に基づいた順序回路の設計を行う方法がある.すなわち,状態遷移表に基づく次の時刻における特性方程式を導き,使用すべきフリップフロップの特性方程式と比較して入力条件を定める方法である.

6.3.1 4進アップカウンタ

例として, 4 進カウンタの推移を考えると状態遷移表は表 6.2 のようになり,これより Q^{t+1} に関する論理式を導くことになる.ただし,この種の状態遷移表は時刻 t における出力値が次の時刻 $t+1$ にどうなるべきかを表したものであり,この時点では使用するフリップフロップの種類を特定する必要がない.

表 6.2 状態遷移表

t		$t+1$	
Q_1	Q_2	Q_1	Q_2
0	0	0	1
0	1	1	0
1	0	1	1
1	1	0	0

状態遷移表より, Q^{t+1} における論理式を Q^t の関数として表して式(6.1)に示す.

$$Q_1^{t+1} = \overline{Q_1} \cdot Q_2 + Q_1 \cdot \overline{Q_2} \qquad Q_2^{t+1} = \overline{Q_2} \tag{6.1}$$

それぞれ Q_1 と $\overline{Q_1}$, Q_2 と $\overline{Q_2}$ を含んだ式に整理し直すと次式のようになる.

$$Q_1{}^{t+1}=Q_2\cdot\overline{Q}_1+\overline{Q}_2\cdot Q_1 \qquad Q_2{}^{t+1}=1\cdot\overline{Q}_2+0\cdot Q_2 \tag{6.2}$$

ここで使用する JK-FF 2 個の特性方程式はそれぞれ,

$$Q_1{}^{t+1}=J_1\cdot\overline{Q}_1+\overline{K}_1\cdot Q_1 \qquad Q_2{}^{t+1}=J_2\cdot\overline{Q}_2+\overline{K}_2\cdot Q_2 \tag{6.3}$$

であり, 式 (6.2) と (6.3) との係数をそれぞれ比較すると式 (6.4) の関係が得られる.

$$J_1=K_1=Q_2 \qquad J_2=K_2=1 \tag{6.4}$$

以上より, 回路に書き直すと図 6.5 となる.

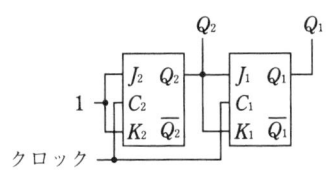

図 6.5 同期式 4 進アップカウンタ

式 (6.2) において, 次のような変形も考えられる.

$$Q_2{}^{t+1}=1\cdot\overline{Q}_2+0\cdot Q_2 \quad\rightarrow\quad Q_2{}^{t+1}=\overline{Q}_2\cdot\overline{Q}_2+\overline{Q}_2\cdot Q_2 \tag{6.5}$$

J_2 と K_2 に関して JK-FF の特性方程式と係数を比較すると, 式 (6.6) が得られる. 両者の結果を比較して一概に優劣を決めることはできないが, 回路化した後に素子数が少なくてすむ方が経済性の点で勝っていると判断すべきである.

$$J_2=\overline{Q}_2 \qquad K_2=Q_2 \tag{6.6}$$

例題 6.3 図 6.5 の同期式 4 進アップカウンタにおいて, JK-FF 以外のフリップフロップを用いた場合はどのような手順になるか.

解 SR-FF, T-FF, D-FF それぞれについての設計手順を以下に述べる (回路図は各自で試みよ). この結果に限れば, 経済性の観点から JK-FF が勝っていると思われる.

SR-FF の場合: $Q_1{}^{t+1}=S_1+\overline{R}_1\cdot Q_1$, $Q_2{}^{t+1}=S_2+\overline{R}_2\cdot Q_2$ と式 (6.2) との係数比較をすると次式が得られる.

$$S_1=\overline{Q}_1\cdot Q_2 \qquad R_1=Q_2 \qquad S_2=\overline{Q}_2 \qquad R_2=1$$

T-FF の場合: $Q_1{}^{t+1}=T_1\cdot\overline{Q}_1+\overline{T}_1\cdot Q_1$, $Q_2{}^{t+1}=T_2\cdot\overline{Q}_2+\overline{T}_2\cdot Q_2$ と式 (6.2) との係数比較をすると次式が得られる.

$$T_1=Q_2 \qquad T_2=1$$

D-FF の場合: $Q_1{}^{t+1}=D_1$, $Q_2{}^{t+1}=D_2$ と式 (6.2) との係数比較をすると次式が得られる.

$$D_1 = Q_1 \cdot \overline{Q_2} + \overline{Q_1} \cdot Q_2 \qquad D_2 = \overline{Q_2} \qquad\qquad\qquad\qquad [終]$$

例題 6.4 図 6.6 のシーケンスをもつ 3 進アップカウンタを JK-FF で設計せよ．

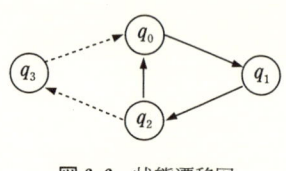

図 6.6 状態遷移図

表 6.3 状態遷移表

出力 状態	t		$t+1$	
	Q_1	Q_2	Q_1	Q_2
q_0	0	0	0	1
q_1	0	1	1	0
q_2	1	0	0	0
q_3	1	1	—	—

解 表 6.3 の出力 $Q_1{}^{t+1}$, $Q_2{}^{t+1}$ が "1" となる点に関して Q_1, Q_2 の関数とした論理式を求める．このさい，特性方程式と係数を比較しやすくするために $(Q_1 \cdot \overline{Q_1}) = 0$ や $(Q_2 \cdot \overline{Q_2}) = 0$ などを適宜に追加する．すなわち，

$$Q_1{}^{t+1} = Q_2 \cdot \overline{Q_1} + \overline{Q_1} \cdot Q_1 \quad \longleftrightarrow \quad Q_1{}^{t+1} = J_1 \cdot \overline{Q_1} + \overline{K_1} \cdot Q_1$$

$$Q_2{}^{t+1} = \overline{Q_1} \cdot \overline{Q_2} + \overline{Q_2} \cdot Q_2 \quad \longleftrightarrow \quad Q_2{}^{t+1} = J_2 \cdot \overline{Q_2} + \overline{K_2} \cdot Q_2$$

それぞれ左右の係数を比較して次式が得られる．

$$J_1 = Q_2 \qquad K_1 = Q_1 \quad \text{および} \quad J_2 = \overline{Q_1} \qquad K_2 = Q_2$$

また，ここで利用した $(Q_1 \cdot \overline{Q_1})$ および $(Q_2 \cdot \overline{Q_2})$ の代替として $(0 \cdot Q_1)$ や $(0 \cdot Q_2)$ を利用することも考えられる．すなわち，

$$Q_1{}^{t+1} = Q_2 \cdot \overline{Q_1} + 0 \cdot Q_1$$

$$Q_2{}^{t+1} = \overline{Q_1} \cdot \overline{Q_2} + 0 \cdot Q_2$$

となり次の関係式でもよいことがわかる．
図 6.7 は得られた回路図である．

$$J_1 = Q_2 \qquad K_1 = 1$$

$$J_2 = \overline{Q_1} \qquad K_2 = 1$$

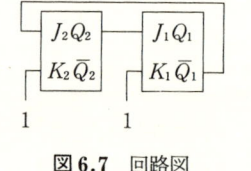

図 6.7 回路図　　　　　[終]

6.3.2 他の同期式カウンタ例

これまでは，数値カウントの推移と符号の推移とが自然 2 進数に従っていたが，次に特別な符号の推移を行うカウンタの例を以下に示す (D-FF を用いる)．これは，符号の順序が自然 2 進数の順序に従っていないとびとびになっている巡回符号の例である．表 6.4 に示す状態遷移を行うカウンタ回路について，D 入力の値をフリップフロップの出力 $Q_{1\sim4}^t$ (現在値 t) の論理関数として表してみる．

与えられた現在の記憶 $Q_{1\sim4}^t$ が次へ状態遷移するための入力 $D_{1\sim4}$ は表に示す

6.3 係数比較に基づく順序回路の設計法　115

表 6.4　D-FF 4 個の状態遷移表

	t				$t+1$				t			
Q_1	Q_2	Q_3	Q_4	Q_1	Q_2	Q_3	Q_4	D_1	D_2	D_3	D_4
0	0	1	0	0	0	1	1	0	0	1	1
0	0	1	1	0	1	1	0	0	1	1	0
0	1	1	0	1	1	0	0	1	1	0	0
1	1	0	0	0	0	1	0	0	0	1	0

$Q_1Q_2 \backslash Q_3Q_4$	00	01	11	10
0 0	ϕ	ϕ	②	①
0 1	ϕ	ϕ	ϕ	③
1 1	④	ϕ	ϕ	ϕ
1 0	ϕ	ϕ	ϕ	ϕ

図 6.8　カルノー図

とおりである（式 (4.5) を参照）．状態遷移表から論理関数を求めると，次のようになる．

$$D_1 = \overline{Q}_1 \cdot Q_2 \cdot Q_3 \cdot \overline{Q}_4 \qquad D_2 = \overline{Q}_1 \cdot Q_3 \cdot (Q_2 \oplus Q_4)$$
$$D_3 = \overline{Q}_1 \cdot \overline{Q}_2 \cdot Q_3 + Q_1 \cdot Q_2 \cdot \overline{Q}_3 \cdot \overline{Q}_4 \qquad D_4 = \overline{Q}_1 \cdot \overline{Q}_2 \cdot Q_3 \cdot \overline{Q}_4$$

これらの式 $D_{1\sim4}$ は，本節の手順に従って係数比較を行った結果と同じになることはいうまでもない（各自で試みられよ）．ここで，論理関数を簡単化するために，表中にない符号をすべてドントケア扱いにすると図 6.8 のようになる．図中の①～④はそれぞれ次式の領域に対応する．それらをまとめると論理式が求まる．

$$D_1 = ③ \qquad D_2 = ② + ③ \qquad D_3 = ① + ② + ④ \qquad D_4 = ①$$

$$\begin{cases} D_1 = \overline{Q}_1 Q_2 & \text{または} \quad Q_2 \cdot Q_3 \\ D_2 = \overline{Q}_1 \cdot Q_2 + Q_4 & \text{または} \quad Q_2 \cdot Q_3 + Q_4 \\ D_3 = Q_1 + \overline{Q}_2 & \text{または} \quad \overline{Q}_2 + \overline{Q}_3 \\ D_4 = \overline{Q}_2 \cdot \overline{Q}_4 \end{cases}$$

例題 6.5　JK-FF を用いて 3 進リングカウンタ (ring counter) の設計をせよ（ただし，初期値を $q_0 = (001)_2$ とせよ）．ここで，リングカウンタは，縦続したフリップフロップ内に "1" が一つだけ存在し，その "1" がクロックパルスと共に左右へ移動する機能をもつ．

表 6.5　状態遷移表

状態	t			$t+1$		
	Q_1	Q_2	Q_3	Q_1	Q_2	Q_3
q_0	0	0	1	0	1	0
q_1	0	1	0	1	0	0
q_2	1	0	0	0	0	1
q_3	0	1	1	—	—	—
q_4	1	0	1	—	—	—
·	·	·	·	·	·	·

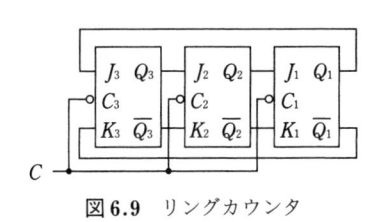

図 6.9　リングカウンタ

[解] リングカウンタはフリップフロップの一つを状態"1"で動作させると，つぎつぎに"1"が伝ぱんする．これは，フリップフロップ n 個で n 進カウンタとなり，素子の個数が増す欠点をもっているものの，任意の同期カウンタを即座に作ることができる．状態遷移表と JK-FF を用いた回路図を表 6.5，図 6.9 に示す．回路の動作は，図から容易に確かめることができる．

状態遷移表より Q^{t+1} の論理式を導いて，JK-FF の特性方程式 $Q^{t+1} = J \cdot \overline{Q} + \overline{K} \cdot Q$ との係数比較すれば次のようになる．ただし，結果の式において複数の組合せが考えられるが，そのうちの都合よい一つを取り上げる．

$$\begin{cases} Q_1{}^{t+1} = Q_2 & \rightarrow & 0 \cdot \overline{Q_2} + 1 \cdot Q_2 & & Q_2 \cdot \overline{Q_2} + Q_2 \cdot Q_2 \\ Q_2{}^{t+1} = Q_3 & \rightarrow & 0 \cdot \overline{Q_3} + 1 \cdot Q_3 & \text{または} & Q_3 \cdot \overline{Q_3} + Q_3 \cdot Q_3 \\ Q_3{}^{t+1} = Q_1 & \rightarrow & 0 \cdot \overline{Q_1} + 1 \cdot Q_1 & & Q_1 \cdot \overline{Q_1} + Q_1 \cdot Q_1 \end{cases}$$

$J_1 = 0, Q_2 \quad \overline{K_1} = 1, Q_2 \quad J_2 = 0, Q_3 \quad \overline{K_2} = 1, Q_3 \quad J_3 = 0, Q_1 \quad \overline{K_3} = 1, Q_1$

$\therefore \quad J_1 = Q_2 \quad K_1 = \overline{Q_2} \quad J_2 = Q_3 \quad K_2 = \overline{Q_3} \quad J_3 = Q_1 \quad K_3 = \overline{Q_1}$ 　　　　[終]

例題 6.6 D-FF または JK-FF を用いて 6 進のジョンソンカウンタ (Johnson counter) を設計せよ．ここで，ジョンソンカウンタとは，縦続したフリップフロップの終段の反転から初段に帰還させて，"0"（または"1"）の数がクロックパルスと共に増す（または減る）動作を行う．

[解] これは，n 個のフリップフロップで「$2n$」進カウンタを作ることができるため，6 進として 3 個のフリップフロップを必要とする．状態遷移表，論理式と D-FF を用いた回路図を表 6.6，図 6.10 に示す（各フリップフロップの初期値はすべて 0）．

状態遷移表から Q^{t+1} の論理式を導いて，D-FF の特性方程式と係数比較すれば次のようになる．

$Q_1{}^{t+1} = Q_2 \quad Q_2{}^{t+1} = Q_3 \quad Q_3{}^{t+1} = \overline{Q_1}, \quad \therefore \quad D_1 = Q_2, \; D_2 = Q_3, \; D_3 = \overline{Q_1}$

表 6.6 状態遷移表

状態	t			$t+1$		
	Q_1	Q_2	Q_3	Q_1	Q_2	Q_3
q_0	0	0	0	0	0	1
q_1	0	0	1	0	1	1
q_2	0	1	1	1	1	1
q_3	1	1	1	1	1	0
q_4	1	1	0	1	0	0
q_5	1	0	0	0	0	0
q_6	—	—	—	—	—	—
q_7	—	—	—	—	—	—

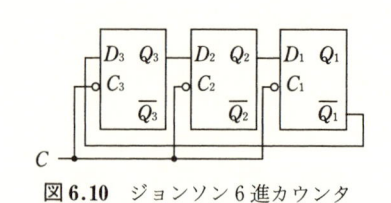

図 6.10 ジョンソン 6 進カウンタ　　　　[終]

6.4 状態遷移表に基づく順序回路の設計法

小規模の同期式カウンタやモジュール 2^n ($n=2, 3$) 程度の同期式カウンタは，直感的に回路設計できる範囲であろう．ここでは，6.3 節の係数比較に基づく方法でなく，状態遷移表に基づく設計手順にのっとった柔軟性ある設計法について述べる．本書の読者が「状態遷移表に基づく順序回路の設計法」を各種の論理回路設計へ適用して，その有効性を実感して頂きたい．

6.4.1 状態遷移表の作成

まず，必要となる状態遷移表をフリップフロップの種類ごとに作ることを考えよう．本書では状態遷移表の表現方法が異なっても特に呼称を変えていないが，英語では "excitation table"，"state table"，"function table" などと区別されることもある．たとえば，表 6.7 において (a), (c) は state table，また表 (b) は function table などとよばれている．これらは，お互いに表現を置き換えただけの等価な関数であることがわかる．ただし，表 (a) は素子の入出力と時間の推移 $t \to t+1$ がそのまま表現され，表 (c) は素子の入力が右側に出力が左側にそれぞれ位置している点で異なる．すでに，4.2 節の SR-FF における「状態遷移表のレイアウト」について説明したが，改めて考察してみよう（表 6.7；JK-FF の場合）．

表 (a), (b) の場合：Q^{t+1} が「真」となる時刻 t における入力と出力状態を知るための情報を与え，JK-FF 自身の特性方程式を導出するさいに用いられ

表 6.7 状態遷移表の表現法

(a)				(b)			(c)			
Q^t	J^t	K^t	Q^{t+1}	J^t	K^t	Q^{t+1}	Q^t	Q^{t+1}	J^t	K^t
0	0	0	0	0	0	Q^t	0	0	0	ϕ
0	0	1	0	0	1	0	0	1	1	ϕ
0	1	0	1	1	0	1	1	0	ϕ	1
0	1	1	1	1	1	$\overline{Q^t}$	1	1	ϕ	0
1	0	0	1							
1	0	1	0							
1	1	0	1							
1	1	1	0							

6章 順序回路—II

(a) 表(a), (b) の場合

(b) 表(c) の場合

(c) 最終的な概念図

(d) 最終的なレイアウト

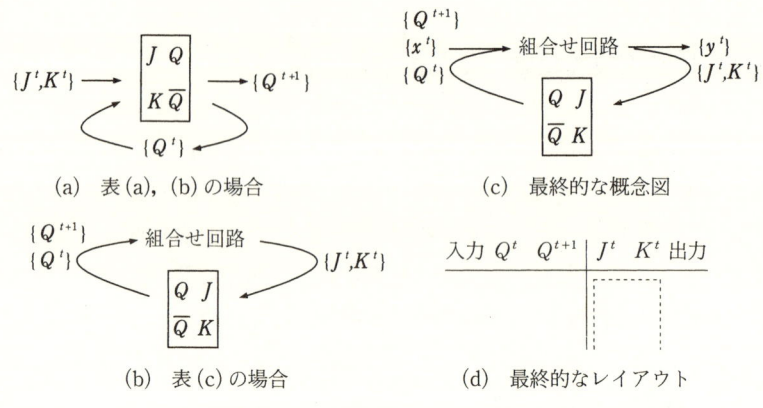

図 6.11 状態遷移表のレイアウト

る(図 6.11(a))．

表(c)の場合：現在の状態から次の状態へ遷移する際に個々の組合せを満足する入力条件の情報を与える(図(b))．

図(a), (b) をまとめて，さらに入力/出力＝x^t/y^t を付加すると，入出力を含めた状態遷移を考えることができる(図(c))．

記憶素子と論理回路とを組み合わせた同期型の順序回路を設計する場合の状態遷移表を用いる手順を考える．すなわち，要望する制御用の入力信号と状態 Q^t から，目的とする Q^{t+1} へ遷移する値を知って，それらの状態遷移を満足させるような J^t, K^t の回路を求めればよい．結局，図(d)のような状態遷移表のレイアウトができ上がる．

これより，順序回路を設計する場合にはあらかじめ状態数，状態割当て(現在と次の状態)，および入出力の値を知る必要がある．その上で，次に示す手順に従った回路設計，すなわち，①，②，…，⑥を行えばよい(JK-FFを仮定)．

① 入出力信号の要望する値を知る，　　　　　　(既知)
② 現在の Q^t から次の Q^{t+1} へ遷移する値を知る，　(既知)
③ 状態遷移から決定される J^t, K^t の値を得る，　(算出値)
④ J^t, K^t を{入力, Q^t}の関数として定式化する，(算出値)
⑤ 出力を{入力, Q^t}の関数として定式化する，　(算出値)
⑥ 最後に，得られた論理式を回路化する．　　　(結果)

具体的に，表 6.8 のような状態遷移表の書替えを行う必要がある．すなわち，

6.4 状態遷移表に基づく順序回路の設計法

表 6.8 状態遷移表の書換え (JK-FF)

(a)

J^t	K^t	Q^t	Q^{t+1}	J^t	K^t
0	0	0	0	0	ϕ
0	1	0	0		
1	0	0	1	1	ϕ
1	1	0	1		
0	0	1	1		
0	1	1	0	ϕ	1
1	0	1	1	ϕ	0
1	1	1	0		

(b)

Q^t	Q^{t+1}	J^t	K^t
0	0	0	ϕ
0	1	1	ϕ
1	0	ϕ	1
1	1	ϕ	0

状態遷移より出力値 Q^{t+1} を生じさせるような入力値 J^t, K^t の組合せが表 6.8(a) のように求まる．たとえば，$Q^t \to Q^{t+1}$ が $0 \to 0$ と推移するための入力値は $(JK)^t = (00)$ または (01) であり，両者を併合して $(JK)^t = (0\phi)$ と書ける．他も，同様な考え方で推移条件を導くことができ，表 (b) を得る．本節では，JK-FF を用いた同期式順序回路の設計はこの表 (b) に基づいて行うことになる．

次に，表 6.8 の JK-FF のかわりに SR-FF を用いた場合の状態遷移表の書換えを行ってみよう．表 6.9 において，現在値 Q^t から次の出力値 Q^{t+1} を，表 (a) のようにする入力値 S と R の組合せを知る．ここで，"−" は SR-FF に付随した不定入力に該当する場所である．$(SR)^t$ 入力をいかなる組合せにするかで $Q^t \to Q^{t+1}$ への変化する値が決定される．たとえば，$Q^t \to Q^{t+1}$ が $0 \to 1$ へと推移するための入力値は $(SR)^t = (10)$ のみである．他も同様にして推移条件を導いた結果，表 (b) を得る (入力条件は $S \cdot R = 0$)．

表 6.9 状態遷移表の書換え (SR-FF)

(a)

S^t	R^t	Q^t	Q^{t+1}	S^t	R^t
0	0	0	0	0	ϕ
0	1	0	0		
1	0	0	1	1	0
1	1	0	−		
0	0	1	1		
0	1	1	0	0	1
1	0	1	1	ϕ	0
1	1	1	−		

(b)

Q^t	Q^{t+1}	S^t	R^t
0	0	0	ϕ
0	1	1	0
1	0	0	1
1	1	ϕ	0

例題 6.7 表 6.8 および 6.9 の類推として，T-FF および D-FF について状態遷移表の書換えをせよ．

解 クロックつきの T-FF については表 6.10(a)，(b) のとおりである．すなわち，$T^t=0$ の時に記憶状態となり $T^t=1$ の時に反転動作となっていることがわかる．

また，D-FF の場合について Q^{t+1} となるような入力 D の値は，表 6.11 のようになる．結果より D^t の値は Q^{t+1} と同じ値になっていることがわかる．

表 6.10 状態遷移表の書換え (T-FF)

(a)

T^t	Q^t	Q^{t+1}	T^t
0	0	0 ⟶	0
1	0	1 ⟶	1
1	1	0 ⟶	1
0	1	1 ⟶	0

(b)

Q^t	Q^{t+1}	T^t
0	0	0
0	1	1
1	0	1
1	1	0

表 6.11 状態遷移表の書換え (D-FF)

(a)

D^t	Q^t	Q^{t+1}	D^t
0	0	0 ⟶	0
1	0	1 ⟶	1
0	1	0 ⟶	0
1	1	1 ⟶	1

(b)

Q^t	Q^{t+1}	D^t
0	0	0
0	1	1
1	0	0
1	1	1

[終]

6.4.2 設計手順

まず，単一のフリップフロップと組合せ回路とを結びつけた簡単な例を取りあげる．これは，D-FF を用いて JK-FF を代替する順序回路を設計する場合である．入力 D に要求される要件 Q, J, K の値をまとめた状態遷移表が順次構成される様子を表 6.12 に示す (現在の時刻 t は省略)．すなわち，JK-FF と D-FF の状態遷移表 (それぞれ (a) と (b)) とを併合させて D に関する新たな表 (c) を作る．論理式を得るため，さらに，それを書き直して表 (d) とする．ただし，実際には最初から表 (d) を求めればより簡潔に済むであろう．

この新たな表 (d) を頼りにして，D を Q, J, K の関数とした次式を得ることができる．すなわち，

$$D = J \cdot \overline{Q} + \overline{K} \cdot Q$$

となる．ここで，表中の Q^{t+1} は J, K および D の値を知るさいに参考となるが，求めたい論理式 D の関数に含まれていない点に注意を要する (変数のす

6.4 状態遷移表に基づく順序回路の設計法

表 6.12 D-FF による JK-FF の状態遷移表

(a) JK-FF

Q	Q^{t+1}	J	K
0	0	0	ϕ
0	1	1	ϕ
1	0	ϕ	1
1	1	ϕ	0

(b) D-FF

Q	Q^{t+1}	D
0	0	0
0	1	1
1	0	0
1	1	1

→

(c) (a)と(b)を併合

Q	Q^{t+1}	J	K	D
0	0	0	ϕ	0
0	1	1	ϕ	1
1	0	ϕ	1	0
1	1	ϕ	0	1

(d) (c)の変形

J	K	Q	Q^{t+1}	D
0	0	0	0	0
0	0	1	1	1
0	1	0	0	0
0	1	1	0	0
1	0	0	1	1
1	0	1	1	1
1	1	0	1	1
1	1	1	0	0

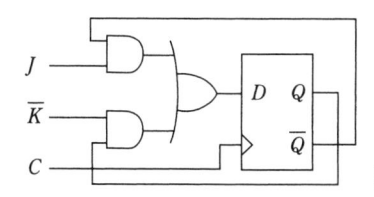

図 6.12 D-FF による JK-FF

べてが時刻 t の関係式).得られた論理式より求めたい図 6.12 が描ける(C はクロックパルス).

もう一つの例をあげると,マスタースレーブ型 SR-FF を用いて T-FF を代替する順序回路を設計する場合は表 6.13(a)〜(d) のようになる.

表 (d) より,S, R を T, Q の関数とした論理式が次のようになり,その結果,求めたい図 6.13 がかける.すなわち,

$$S = T \cdot \overline{Q} \qquad R = T \cdot Q \qquad (S \cdot R = 0)$$

表 6.13 SR-FF による T-FF の状態遷移表

(a) T-FF

Q	Q^{t+1}	T
0	0	0
0	1	1
1	0	1
1	1	0

(b) SR-FF

Q	Q^{t+1}	S	R
0	0	0	ϕ
0	1	1	0
1	0	0	1
1	1	ϕ	0

→

(c) (a)と(b)を併合

Q	Q^{t+1}	T	S	R
0	0	0	0	ϕ
0	1	1	1	0
1	0	1	0	1
1	1	0	ϕ	0

(d) (c)の変形

T	Q	Q^{t+1}	S	R
0	0	0	0	ϕ
0	1	1	ϕ	0
1	0	1	1	0
1	1	0	0	1

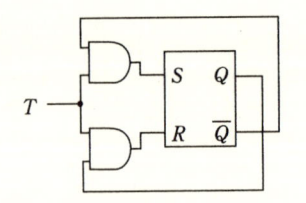

図 6.13 SR-FF による T-FF

6.4.3 3進カウンタの例

同期式3進アップ/ダウンカウンタを設計する手順について，SR-FF を用いた場合と T-FF を用いた場合の双方について述べる．ただし，クロックパルスはすべてのフリップフロップを並列に駆動させた同期型とする．単一のフリップフロップについて，現在の出力 Q から次の出力 Q^{t+1} となる入力条件を状態遷移表(表 6.9，表 6.10)としてすでに述べた．その表に基づき，2個のフリップフロップに関する新たな状態遷移表を作ることができる．状態遷移表から回路化に至るまでの設計過程を順番①〜③としてそれぞれ以下に示す．

（1） SR-FF を用いた場合

① 状態遷移表の作成：アップカウンタとダウンカウンタをまとめて3進カウンタとした表 6.14 を示す（入力条件 $S \cdot R = 0$）．

表 6.14 状態遷移表

	t		$t+1$		t			
	Q_1	Q_2	Q_1	Q_2	S_1	R_1	S_2	R_2
up	0	0	0	1	0	ϕ	1	0
	0	1	1	0	1	0	0	1
	1	0	0	0	0	1	0	ϕ
	1	1	ϕ	ϕ	ϕ	ϕ	ϕ	ϕ
down	0	0	1	0	1	0	0	ϕ
	0	1	0	0	0	ϕ	0	1
	1	0	0	1	0	1	1	0
	1	1	ϕ	ϕ	ϕ	ϕ	ϕ	ϕ

② 論理式の導出：得られた状態遷移表より，求めたい S，R の入力条件それぞれを論理式の形で表現する．ただし，必要に応じてカルノー図などを用いた論理式の簡単化を試みる．S_1，R_1，S_2，R_2 それぞれについて Q_1 および Q_2 のカルノー図および，得られた論理式は図 6.14 のようになる．

6.4 状態遷移表に基づく順序回路の設計法

	Q_2	
Q_1	0	1
0	0	1
1	0	ϕ

$S_1 = Q_2$

	Q_2	
Q_1	0	1
0	ϕ	0
1	1	ϕ

$R_1 = Q_1$ または $\overline{Q_2}$

	Q_2	
Q_1	0	1
0	1	0
1	0	ϕ

$S_2 = \overline{Q_1} \cdot \overline{Q_2}$

	Q_2	
Q_1	0	1
0	0	1
1	ϕ	ϕ

$R_2 = Q_2$

(a) アップカウンタ

	Q_2	
Q_1	0	1
0	1	0
1	0	ϕ

$S_1 = \overline{Q_1} \cdot \overline{Q_2}$

	Q_2	
Q_1	0	1
0	0	ϕ
1	1	ϕ

$R_1 = Q_1$

	Q_2	
Q_1	0	1
0	0	0
1	1	ϕ

$S_2 = Q_1$

	Q_2	
Q_1	0	1
0	ϕ	1
1	0	ϕ

$R_2 = \overline{Q_1}$ または Q_2

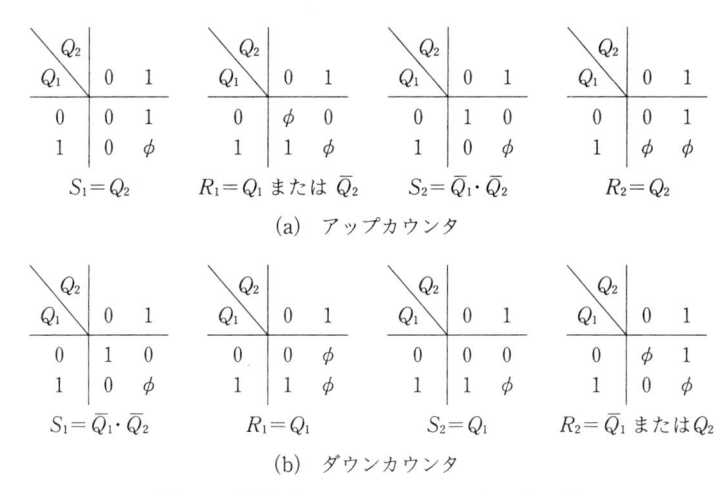

(b) ダウンカウンタ

図 **6.14** 同期式カウンタのカルノー図と論理式

(a) アップカウンタ　　　　　(b) ダウンカウンタ

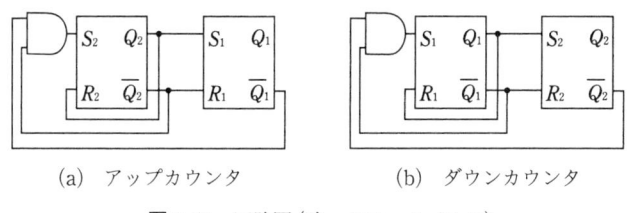

図 **6.15** 回路図 (略, クロックパルス)

(a) アップカウンタ　　　　　(b) ダウンカウンタ

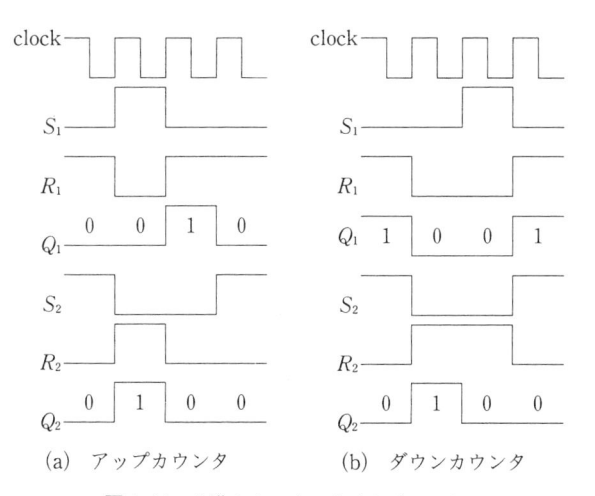

図 **6.16** 3進カウンタのタイムチャート

③ 回路化：2個のフリップフロップにおいて，添字の数字1，2とMSB，LSBとの順序づけを間違わないように注意する必要がある．図6.15にアップ/ダウンカウンタの回路図を示す（クロックパルス端子は省略）．この場合，ダウンカウンタはアップカウンタのフリップフロップを単に入れ換えたものと等しいことがわかる．

SR-FFを用いたアップ/ダウンカウンタのタイムチャートは図6.16のようになる．

（2） T-FF を用いた場合

① 状態遷移表の作成：SR-FFの場合と同様な考え方が適用できる．アップ/ダウン3進カウンタの状態遷移表を表6.15に示す．

② 論理式の導出：状態遷移表より次式が求まる（カルノー図は省略）．

表6.15　状態遷移表

	t		$t+1$		t	
	Q_1	Q_2	Q_1	Q_2	T_1	T_2
up	0	0	0	1	0	1
	0	1	1	0	1	1
	1	0	0	0	1	0
	1	1	ϕ	ϕ	ϕ	ϕ
down	0	0	1	0	1	0
	0	1	0	0	0	1
	1	0	0	1	1	1
	1	1	ϕ	ϕ	ϕ	ϕ

$T_1 = Q_1 + Q_2$　　$T_2 = \overline{Q_1}$　　…　アップカウンタ

$T_1 = \overline{Q_2}$　　$T_2 = Q_1 + Q_2$　　…　ダウンカウンタ

③ 回路化：省略．

例題6.8　同期式の3進ダウンカウンタにおいて，次に示す(a)，(b)の異なった状態割当てを行った場合を比較せよ．

(a)　$q_0q_1q_2q_3$　：　$10 \to 01 \to 00 \to 10 \to \cdots$
(b)　$q_0q_1q_2q_3$　：　$11 \to 10 \to 01 \to 11 \to \cdots$

解　表6.16において，JK-FFを用いた場合の割当て(a)，(b)を比較した結果，得られた論理式において両者に大差がみられなかった（設計内容によって状態割当ての影響が大きくなる場合もある）．

6.4 状態遷移表に基づく順序回路の設計法　125

表 6.16 状態遷移表

(a) その 1

t		$t+1$		t			
Q_1	Q_2	Q_1	Q_2	J_1	K_1	J_2	K_2
0	0	1	0	1	ϕ	0	ϕ
0	1	0	0	0	ϕ	ϕ	1
1	0	0	1	ϕ	1	1	ϕ
1	1	—	—	ϕ	ϕ	ϕ	ϕ

$J_1=\overline{Q_2}$　$K_1=1$　$J_2=Q_1$　$K_2=1$

(b) その 2

t		$t+1$		t			
Q_1	Q_2	Q_1	Q_2	J_1	K_1	J_2	K_2
0	0	—	—	ϕ	ϕ	ϕ	ϕ
0	1	1	1	1	ϕ	ϕ	0
1	0	0	1	ϕ	1	1	ϕ
1	1	1	0	ϕ	0	ϕ	1

$J_1=1$　$K_1=Q_2$　$J_2=1$　$K_2=Q_1$　[終]

例題 6.9 JK-FF と D-FF それぞれを用いた場合について同期式の 3 進カウンタを設計せよ．ただし，制御信号 $X=$"0/1"でアップ/ダウン双方向のカウンタ回路としたい．

解 アップ/ダウンカウンタ選択用の入力 X を "0/1"に切替えて制御を行う状態遷移は表 6.17 のようになる．ここでは，JK-FF を用いた場合と D-FF を用いた場合とを一まとめにしてある．ただし，各フリップフロップのクロックパルス端子(図は省略)はすべて結ばれて，並列に駆動されているものとする．

表 6.17 から図 6.17 を，続いて次の論理式を得て図 6.18 がかける．

(a) $\begin{cases} J_1=\overline{X}\cdot Q_2+X\cdot\overline{Q_2}=X\oplus Q_2, & K_1=1 \\ J_2=\overline{X}\cdot\overline{Q_1}+X\cdot Q_1=\overline{X\oplus Q_1}, & K_2=1 \end{cases}$ (b) $\begin{cases} D_1=\overline{X}\cdot Q_2+X\cdot\overline{Q_1}\cdot\overline{Q_2} \\ D_2=X\cdot Q_1+\overline{X}\cdot\overline{Q_1}\cdot\overline{Q_2} \end{cases}$

JK-FF における論理式で $K_1=1$ および $K_2=1$ としたが，$K_1=Q_1$，$K_2=Q_2$ としてもよい．一方，K_1 および K_2 に関する図 6.19 より，ドントケアである空集合を $\phi_0=0$，$\phi_1=1$ としてもよいであろう．その結果，K_1，K_2 それぞれ 2 通りで計 4 通りの組合せによる異なった論理表現を得ることができる．いずれを採用しても出力は同じ結果となるが，簡易な回路となる値にすべきであることはいうまでもない．

表 6.17 状態遷移表

	t		$t+1$		JK-FF の場合				D-FF の場合	
X	Q_1	Q_2	Q_1	Q_2	J_1	K_1	J_2	K_2	D_1	D_2
0	0	0	0	1	0	ϕ	1	ϕ	0	1
0	0	1	1	0	1	ϕ	ϕ	1	1	0
0	1	0	0	0	ϕ	1	0	ϕ	0	0
0	1	1	ϕ	ϕ	ϕ	ϕ	ϕ	ϕ	ϕ	ϕ
1	0	0	1	0	1	ϕ	0	ϕ	1	0
1	0	1	0	0	0	ϕ	ϕ	1	0	0
1	1	0	0	1	ϕ	1	1	ϕ	0	1
1	1	1	ϕ	ϕ	ϕ	ϕ	ϕ	ϕ	ϕ	ϕ

(a) JK-FF

$Q_1 Q_2$ \ X	0	1
0 0	0	1
0 1	1	0
1 1	ϕ	ϕ
1 0	ϕ	ϕ

(J_1)

$Q_1 Q_2$ \ X	0	1
0 0	ϕ	ϕ
0 1	ϕ	ϕ
1 1	ϕ	ϕ
1 0	1	1

(K_1)

$Q_1 Q_2$ \ X	0	1
0 0	1	0
0 1	ϕ	ϕ
1 1	ϕ	ϕ
1 0	0	1

(J_2)

$Q_1 Q_2$ \ X	0	1
0 0	ϕ	ϕ
0 1	1	1
1 1	ϕ	ϕ
1 0	ϕ	ϕ

(K_2)

(b) D-FF

$Q_1 Q_2$ \ X	0	1
0 0	0	1
0 1	1	0
1 1	ϕ	ϕ
1 0	0	0

(D_1)

$Q_1 Q_2$ \ X	0	1
0 0	1	0
0 1	0	0
1 1	ϕ	ϕ
1 0	0	1

(D_2)

図 6.17 同期式 3 進カウンタのカルノー図と論理式

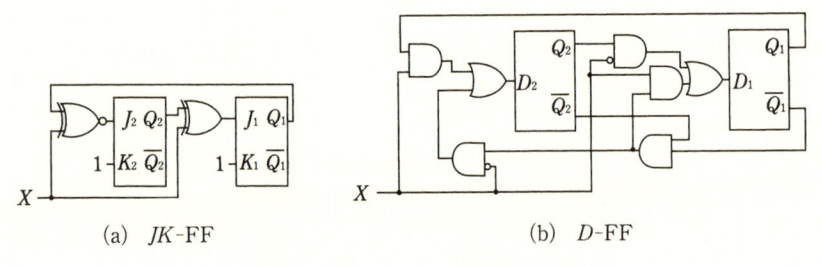

図 6.18 同期式 3 進アップ/ダウンカウンタ

(a) JK-FF (b) D-FF

$Q_1 Q_2$ \ X	0	1
0 0	ϕ_0	ϕ_0
0 1	ϕ_0	ϕ_0
1 1	ϕ_1	ϕ_1
1 0	1	1

(K_1)

$Q_1 Q_2$ \ X	0	1
0 0	ϕ_0	ϕ_0
0 1	1	1
1 1	ϕ_1	ϕ_1
1 0	ϕ_0	ϕ_0

(K_2)

図 6.19 カルノー図

[終]

まとめると，同じ機能をもった3進カウンタ各種（T-FF，JK-FF，D-FF）のフリップフロップのうちでどれが望ましいといえるであろうか．一般に，JK-FF は他の SR-FF，T-FF，D-FF を用いた場合と較べてカルノー図におけるドントケアの数が最も多くなっているため，論理式の単純化に役立つ可能性が高いといえる．

6.4.4 他のカウンタ例

フリップフロップ2個を用いた4進アップカウンタの設計をする際，二種類のフリップフロップ（SR-FF，JK-FF）それぞれについて考えよう．まず，その状態遷移表を表6.18に示す．ただし，クロックパルスはすべて並列に駆動されていることを前提とする．

表 6.18　状態遷移表

t		$t+1$		SR-FFの場合				JK-FFの場合			
Q_1	Q_2	Q_1	Q_2	S_1	R_1	S_2	R_2	J_1	K_1	J_2	K_2
0	0	0	1	0	ϕ	1	0	0	ϕ	1	ϕ
0	1	1	0	1	0	0	1	1	ϕ	ϕ	1
1	0	1	1	ϕ	0	1	0	ϕ	0	1	ϕ
1	1	0	0	0	1	0	1	ϕ	1	ϕ	1

表6.18より SR-FF，JK-FF それぞれのカルノー図（略）を経て，次の論理式が得られる．これら両者の式を比較すると，JK-FF がより簡単化しやすく，ドントケアの効果が表れていることがわかる．JK-FF を用いた回路図およびそのタイムチャートを図6.20に示す．

SR-FF : $S_1 = \overline{Q_1} \cdot Q_2$　　$R_1 = Q_1 \cdot Q_2$　　$S_2 = \overline{Q_2}$, $R_2 = Q_2$

JK-FF : $J_1 = K_1 = Q_2$　　$J_2 = K_2 = 1$

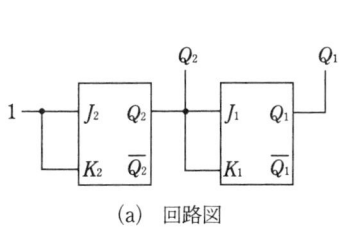

図 6.20　同期式4進アップカウンタ

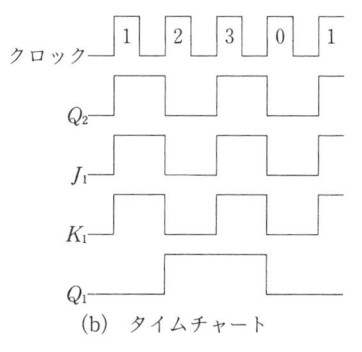

(a) 回路図

(b) タイムチャート

例題 6.10 D-FF または T-FF を用いた 4 進アップカウンタを設計せよ．

解 状態遷移表とその論理式および回路図をそれぞれ表 6.19，図 6.21 に示す．

表 6.19 状態遷移表

t		$t+1$		D-FF		T-FF	
Q_1	Q_2	Q_1	Q_2	D_1	D_2	T_1	T_2
0	0	0	1	0	1	0	1
0	1	1	0	1	0	1	1
1	0	1	1	1	1	0	1
1	1	0	0	0	0	1	1

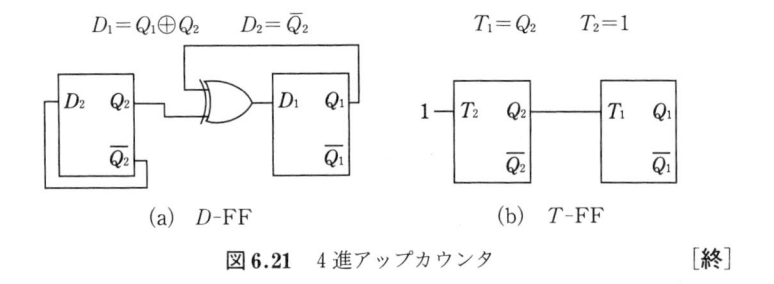

$D_1 = Q_1 \oplus Q_2 \quad D_2 = \overline{Q_2} \qquad\qquad T_1 = Q_2 \quad T_2 = 1$

(a) D-FF (b) T-FF

図 6.21 4 進アップカウンタ　　　　　　　　　　［終］

例題 6.11 JK-FF を用いた 10 進アップカウンタを設計せよ．

解 状態数が $2^3 < 10 < 2^4$ であるからフリップフロップは 4 個となる．次に，状態遷移表（表 6.20）→ カルノー図（図 6.22）→ 論理式（$J_4 = K_4 = 1$ は略）→ 回路図（図 6.23）の順序で設計することになる（ただし，$Q_1 = $ MSB，$Q_4 = $ LSB）．

図 6.23 の JK-FF による 10 進カウンタについてタイムチャートを描くと図 6.24 のようになる．クロックパルスの立上りに同期して出力変化する様子がわかる．カウント (0000) から (1001) までは 2^4 カウンタと同様な遷移をするが，次の (1010) へ遷移をせず (0000) にリセットされている点で 10 進となる．すなわち，Q_1 が $1 \to 0$ に，Q_3 が $0 \to 0$ になればカウント 10 以上とならずにすむ．

なお，図 6.23 の同期式 10 進アップカウンタにおいて初期設定の値が 0 でなく，カウント 10 以上であった場合は，次にどのような動作遷移をするであろうか．たとえば，JK-FF の初期状態 ($Q_1Q_2Q_3Q_4$) をそれぞれ (1010)，(1100)，(1110) などとした場合の状態遷移のタイムチャートを図 6.25 に示す．これより，結局は 0 から 9 のいずれかに復帰して 10 進カウンタの動作に戻ることがわかるであろう．　　　［終］

6.4 状態遷移表に基づく順序回路の設計法

表 6.20 状態遷移表

Q_1	Q_2	Q_3	Q_4	Q_1	Q_2	Q_3	Q_4	J_1	K_1	J_2	K_2	J_3	K_3	J_4	K_4
	t				$t+1$						t				
0	0	0	0	0	0	0	1	0	ϕ	0	ϕ	0	ϕ	1	ϕ
0	0	0	1	0	0	1	0	0	ϕ	0	ϕ	1	ϕ	ϕ	1
0	0	1	0	0	0	1	1	0	ϕ	0	ϕ	ϕ	0	1	ϕ
0	0	1	1	0	1	0	0	0	ϕ	1	ϕ	ϕ	1	ϕ	1
0	1	0	0	0	1	0	1	0	ϕ	ϕ	0	0	ϕ	1	ϕ
0	1	0	1	0	1	1	0	0	ϕ	ϕ	0	1	ϕ	ϕ	1
0	1	1	0	0	1	1	1	0	ϕ	ϕ	0	ϕ	0	1	ϕ
0	1	1	1	1	0	0	0	1	ϕ	ϕ	1	ϕ	1	ϕ	1
1	0	0	0	1	0	0	1	ϕ	0	0	ϕ	0	ϕ	1	ϕ
1	0	0	1	0	0	0	0	ϕ	1	0	ϕ	0	ϕ	ϕ	1
1	0	1	0	ϕ	ϕ	ϕ	ϕ	ϕ	ϕ	ϕ	ϕ	ϕ	ϕ	ϕ	ϕ
⋮	⋮	⋮	⋮	⋮	⋮	⋮	⋮	⋮	⋮	⋮	⋮	⋮	⋮	⋮	⋮
1	1	1	1	ϕ	ϕ	ϕ	ϕ	ϕ	ϕ	ϕ	ϕ	ϕ	ϕ	ϕ	ϕ

(a) $J_1 = Q_2 \cdot Q_3 \cdot Q_4$

$Q_1Q_2 \backslash Q_3Q_4$	00	01	11	10
0 0	0	0	0	0
0 1	0	0	1	0
1 1	ϕ	ϕ	ϕ	ϕ
1 0	ϕ	ϕ	ϕ	ϕ

(b) $K_1 = Q_4$

$Q_1Q_2 \backslash Q_3Q_4$	00	01	11	10
0 0	ϕ	ϕ	ϕ	ϕ
0 1	ϕ	ϕ	ϕ	ϕ
1 1	ϕ	ϕ	ϕ	ϕ
1 0	0	1	ϕ	ϕ

(c) $J_2 = Q_3 \cdot Q_4$

$Q_1Q_2 \backslash Q_3Q_4$	00	01	11	10
0 0	0	0	1	0
0 1	ϕ	ϕ	ϕ	ϕ
1 1	ϕ	ϕ	ϕ	ϕ
1 0	0	0	ϕ	ϕ

(d) $K_2 = Q_3 \cdot Q_4$

$Q_1Q_2 \backslash Q_3Q_4$	00	01	11	10
0 0	ϕ	ϕ	ϕ	ϕ
0 1	0	0	1	0
1 1	ϕ	ϕ	ϕ	ϕ
1 0	ϕ	ϕ	ϕ	ϕ

(e) $J_3 = \overline{Q}_1 \cdot Q_4$

$Q_1Q_2 \backslash Q_3Q_4$	00	01	11	10
0 0	0	1	ϕ	0
0 1	0	1	ϕ	0
1 1	ϕ	ϕ	ϕ	ϕ
1 0	0	0	ϕ	ϕ

(f) $K_3 = Q_4$

$Q_1Q_2 \backslash Q_3Q_4$	00	01	11	10
0 0	ϕ	ϕ	1	0
0 1	ϕ	ϕ	1	0
1 1	ϕ	ϕ	ϕ	ϕ
1 0	ϕ	ϕ	ϕ	ϕ

図 6.22 カルノー図と論理式

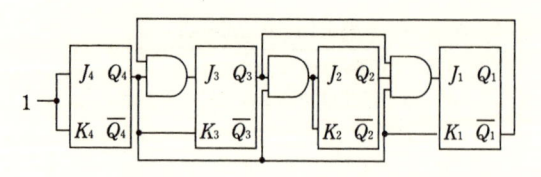

図 6.23　10 進アップカウンタ

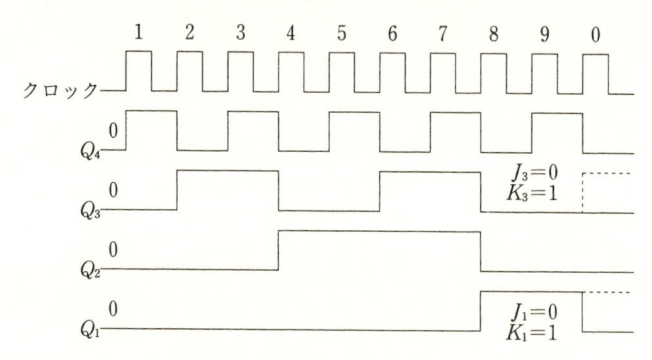

図 6.24　図 6.23 のタイムチャート

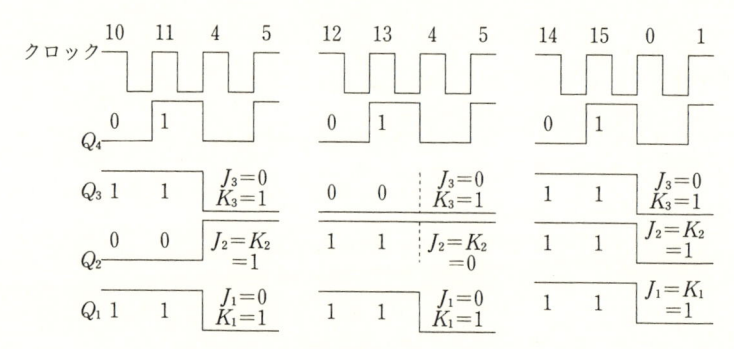

図 6.25　初期値を変えたタイムチャート

7章　順序回路—Ⅲ

　5章では非同期式カウンタを，6章では同期式カウンタをそれぞれ題材として順序回路の設計手法を述べた．ここでは，状態遷移表に基づく同期式順序回路を基本とした，カウンタ以外の設計手順について述べる．特に，要望する状態遷移に従ったシステムの機能モデルについて言及し，論理回路というハードウェアでいかに実装するかに触れる．いわば，「自動機械」の動作を眺めてその動作を司る順序回路への応用設計について例示しながら説明する．

7.1　自動機械

　仮想の自動機械において，「オートマトン」(auto＋matos → automaton：付録)はソフトウェア的な動作モデルを，また，「チューリングマシン」(turing machine：付録)はハードウェア的な動作モデルを概念づけている．すなわち，チューリングマシンの頭脳を司るのはオートマトンであるという位置づけである．オートマトンのモデルは論理回路と記憶装置とからなり，チューリングマシンから機能部分の抽象化および体系化を行ったものと考えられる(図7.1)．また，システム全体をディジタル量として扱い，多様な制御を行える機能や要望する入・出力機能を備えている．ここでは，順序回路を設計する立場からオートマトンの機能モデルの動作について，どのような関連づけとなっているかを述べる．

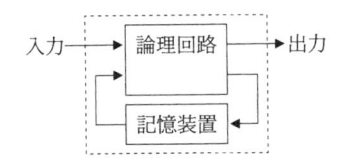

図7.1　オートマトンのモデル

7.1.1　ミーリー型とムーア型

　改めて，丸と矢印で表現する状態遷移図について触れる．有限オートマトンにおける状態遷移は，節点が状態を表して節点間の枝が入/出力を表している．

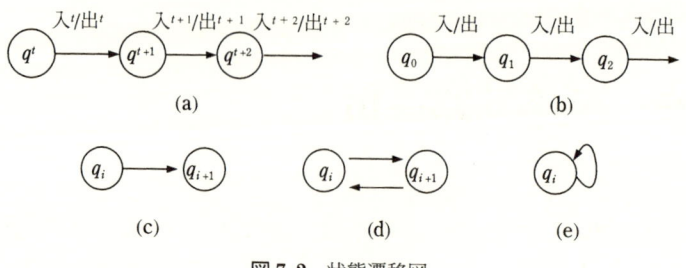

図7.2 状態遷移図

例として，現在の状態 q^t から次の状態 q^{t+1}, q^{t+2}, … への遷移を図 7.2(a) に示す．そのさい，必要な入力条件や出力条件を記して移動を示す矢印に併記することから「ラベル付有向グラフ」の意味をもち，有向の枝は状態遷移に対応するとしている．ただし，本書では矢印が時の経過を示していることから添字 t, $t+1$ などを除いた略記を用いている（図(b)）．また，状態遷移の仕方を類別すると図(c)，(d)，(e)の3種類に区別できる．図(c)を繰り返すと縦続的な結合になることから入力の AND 結合を，図(d)は並列的に接続されていることから入力の OR 結合を，図(e)は繰返し動作である循環結合をそれぞれ意味している．これらの要素を組み合わせて $t \to t+1$ への経過を伴う入出力の付随した状態遷移を表すことができる．

「情報理論」における分野で，ロシアの数学者マルコフ(Markov)の提唱した過去から現在へ至る記号の生起に関する報告がある．それは，情報源が次に起こる状態に影響しながら過去に依存した現在の出力となることを述べている（マルコフ情報源：付録）．順序回路は，組合せ論理回路と記憶回路とから構成された帰還(feedback)を含む回路系をさし，主に動作の遷移がクロックパルスに同期して行われ，外部の回路に対応した入出力端子をもっている．すなわち，入力値は次に起こる状態を示唆して，出力値は入力値および過去の状態遷移に依存した動作決定をすると考える．

順序回路はそれが動作を始める初期状態，遷移状態，停止状態（ただし，状態遷移が閉ループを構成している場合はこの限りではない）のいずれかを経由した動作を行う．順序回路モデルを大別すると，出力が「現在の状態」と「現在の入力」との関数であるとしたミーリー(Mealy)型，出力が「現在の状態」だけの関数であるとしたムーア(Moore)型とに分かれる．複数の記憶素子をもつ順序回路モデルにおいて，現在を $\{入力, 出力, 状態\}^t = \{x, y, q\}^t$ と表

せば，ミーリー型の次の状態および出力は，それぞれ $q^{t+1}=f_{unc}(x, q)^t$, $y^t=f_{unc}(x, q)^t$ となり，ムーア型のそれらは $q^{t+1}=f_{unc}(x, q)^t$, $y^t=f_{unc}(q)^t$ となる．

図7.3(a)，表7.1(a)がミーリー型，同図表(b)がムーア型である．ただし，図と表における $q/\cdot$ は状態/出力を，図における数字・/・は入力/出力をそれぞれ意味する．具体的に，入力系列＝(101…)とすれば回路を通過した後の出力系列はミーリー型で出力＝(001…)，ムーア型で出力＝(1001…)となり同じではない．ムーア型では最初に初期状態の1が出力され，それ以降はミーリー型と同じ系列になる．なお，本書の順序回路モデルを考える場合はすべてミーリー型を意味している．

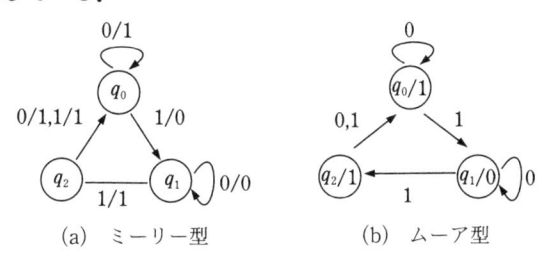

(a) ミーリー型　　　(b) ムーア型

図 7.3　状態遷移図

表 7.1　状態遷移表

(a) ミーリー型

現状態	入力 0	入力 1
q_0	$q_0/1$	$q_1/0$
q_1	$q_1/0$	$q_2/1$
q_2	$q_0/1$	$q_0/1$

(b) ムーア型

現状態	入力 0	入力 1	出力
q_0	q_0	q_1	1
q_1	q_1	q_2	0
q_2	q_0	q_0	1

ここで，ミーリー型からムーア型への変換について触れる．遷移する先の状態が同一であるにもかかわらず出力値が異なる場合は，状態数を増し出力値別に1個の状態を再定義して，全体の状態遷移が等価となるように新たな遷移線を付加することになる．図7.4は，ミーリー型の順序回路をムーア型に変換する場合を示している．

この例は，状態 q_0 へ向かう遷移の出力値が同一となっていない．すなわち，$q_2 \to q_0$ における入力"1"に対する出力値が"0"であり，他が"1"となって異なる．したがって，ムーア型に変換すると3状態から4状態におきかわる．

(a) ミーリー型　　(b) ムーア型

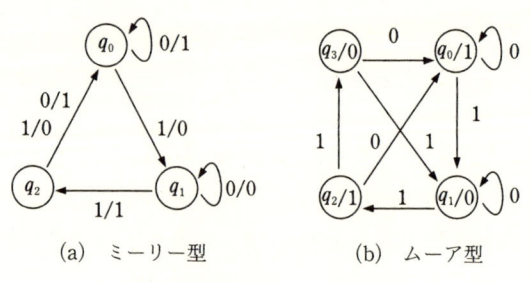

図7.4　順序回路のモデル変換

　ムーア型において，入力系列=(101)とした場合，始点=q_0とすれば出力=(1001)となる．始点=q_3とすれば出力=(0001)となる．このように，ミーリー型ではq_0のみであったが，ムーア型では始点状態により初期出力が異なる．

例題 7.1　ミーリー型の論理状態が次のように遷移するという．これと等価なムーア型に変換せよ．ただし，・/・は現時刻における入力/出力の値を意味する．

$$q_0 \to 0/0 \to q_1, \quad q_0 \to 1/0 \to q_0$$
$$q_1 \to 0/1 \to q_0, \quad q_1 \to 1/1 \to q_1$$

解　状態q_0およびq_1への移行を行うとき，移行先への出力値が"0"と"1"の両方に分かれている．その結果，変換にさいして2状態から4状態へと変化する（状態遷移図は各自で試みよ）．

$$q_0 \to 0 \to q_2/0, \quad q_0 \to 1 \to q_0/0$$
$$q_1 \to 0 \to q_3/1, \quad q_1 \to 1 \to q_1/1$$
$$q_2 \to 0 \to q_3/1, \quad q_2 \to 1 \to q_1/1$$
$$q_3 \to 0 \to q_2/0, \quad q_3 \to 1 \to q_0/0$$

［終］

7.1.2　2状態オートマトン

　時系列データの入力において，2状態オートマトンのモデルを考える（図7.5，表7.2）．図と表から明らかなように，両者は表現方法を異にした等価な記述であることがわかるであろう．ここで，現在の状態および次の状態があることから記憶の概念を必要とし，状態の遷移に伴って入力と出力変化が生まれることから組合せ論理回路の制御を必要とする．

　オートマトンのモデルがいかに順序回路の動作へと結びつくかを，例題7.2

の2状態 $\{q_0, q_1\}$ をもつ順路回路で考えよう．

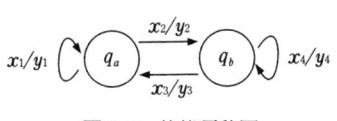

図7.5 状態遷移図

現状態＼入力	x_1 または x_3	x_2 または x_4
q_a	q_a/y_1	q_b/y_2
q_b	q_a/y_3	q_b/y_4

表7.2 状態遷移表

例題7.2 "1"の総数が「奇数/偶数」かを判別したい．その自動機械を司るオートマトンの設計手順を述べよ．ただし，D と Q はそれぞれ遅延素子およびその出力とする．

解 図7.6において，初期状態 q_0 で入力 $x=0$ が入ると出力 $y=0$ を出して q_0 に留まる．$x=1$ が入ると，1の総和が奇数となって $y=1$ を発して状態 q_1 へ移行する．表7.3をみると，図7.6をそのまま表形式に書き直したことがわかるであろう．

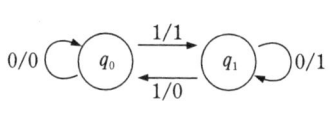

図7.6 状態遷移図

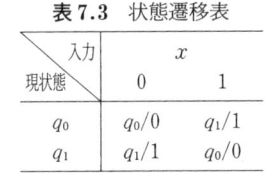

表7.3 状態遷移表

現状態＼入力	x	
	0	1
q_0	$q_0/0$	$q_1/1$
q_1	$q_1/1$	$q_0/0$

続いて，状態割当て(state assignment, 表7.4(a))を行って必要とする状態数に見合う2進数を対応させる．また，状態数=2通りであるから $\log_2 2=1$ 個のフリップフロップを用意する必要がある．さて，状態割当てに従って変数をたとえば，$q_0 \to 0$，$q_1 \to 1$ へと置き換える．状態遷移を現状態 Q^t から次の状態 Q^{t+1} への変化としてまとめ，D-FF を用いる前提で考慮したものが表(b)である．

状態遷移表より次に示す論理式と図7.7が得られ，$Q^{t+1}=1$ となるには $x \oplus Q$ が真になる時であり，D-FF の特性方程式 $Q^{t+1}=D$ の関係から，帰還回路が構成されることになる．なお，状態割当てを $q_0=1$，$q_1=0$ としてもよいが，得られる論理式が簡易である方を採用すればよい．

$$D = x \oplus Q \qquad y = x \oplus Q$$

表7.4 表の変遷

(a) 状態割当て

現状態＼Q	割当て
q_0	0
q_1	1

(b) 状態遷移表

x	Q	Q^{t+1}	D	y
0	0	0	0	0
0	1	1	1	1
1	0	1	1	1
1	1	0	0	0

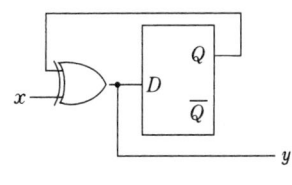

図7.7 回路図

T-FF の場合

例題 7.2 の奇数/偶数問題において，D-FF から T-FF にかえた場合の相違を考えよう．T-FF の特性方程式より，$Q^{t+1}=Q$ の時は $T=0$ に，また $Q^{t+1} \neq Q$ の時は $T=1$ にすべきことがわかる．その結果，論理式および表 7.5 を得る（ここで，状態割当ては $q_0 \to 0$, $q_1 \to 1$）．

$$T = x \qquad y = x \oplus Q$$

表 7.5 状態遷移表

x	Q	Q^{t+1}	T	y
0	0	0	0	0
0	1	1	0	1
1	0	1	1	1
1	1	0	1	0

[終]

例題 7.3 図 7.8 に示す動作において，状態割当てを $q_0 \to 0$ および $q_1 \to 1$ とおき，2 入力を $\{x_1, x_2\}$ および 1 出力を y とする．JK-FF および SR-FF を用いた場合の制御を司る論理式を求めよ．

```
        10/1    11/1
00/0  ┌──→────→──┐  00/0
01/0  │  q₀      q₁  │  10/1
      └──←────←──┘
        01/0   11/0
```

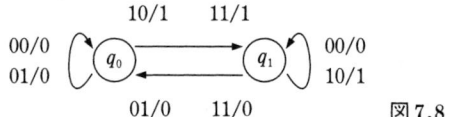

図 7.8 状態遷移図

[解] 状態遷移のようすを表 7.6(a) に示し，まず JK-FF を用いた場合の状態遷移表を表 (b) に示す．

表 7.6 状態遷移表

(a)

入力\現状態	$x_1 x_2$ 00	01	10	11
q_0	$q_0/0$	$q_0/0$	$q_1/1$	$q_1/1$
q_1	$q_1/0$	$q_0/0$	$q_1/1$	$q_0/0$

(b)

x_1	x_2	Q	Q^{t+1}	J	K	y
0	0	0	0	0	ϕ	0
0	0	1	1	ϕ	0	0
0	1	0	0	0	ϕ	0
0	1	1	0	ϕ	1	0
1	0	0	1	1	ϕ	1
1	0	1	1	ϕ	0	1
1	1	0	1	1	ϕ	1
1	1	1	0	ϕ	1	0

JK-FF の場合

JK-FF を考慮して，表 (a) と等価な表 (b) を得る．これより，図 7.9 を介してそれぞれの論理式を導くことができる．

7.1 自動機械   137

x_1x_2 \ Q	00	01	11	10
0	0	0	1	1
1	ϕ	ϕ	ϕ	ϕ

$J = x_1$

x_1x_2 \ Q	00	01	11	10
0	ϕ	ϕ	ϕ	ϕ
1	0	1	1	0

$K = x_2$

x_1x_2 \ Q	00	01	11	10
0	0	0	1	1
1	0	0	0	1

$y = x_1 \cdot \bar{x}_2 + x_1 \cdot \bar{Q}$

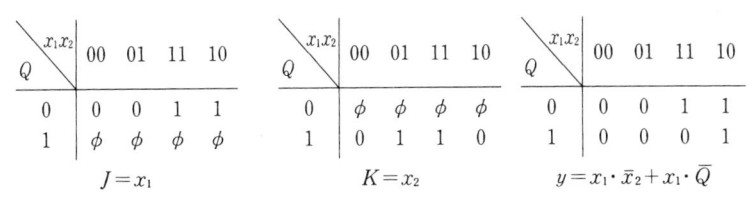

図 7.9 カルノー図と論理式

SR-FF の場合

入力条件：$S \cdot R = 0$ として，表 7.6(a) から SR-FF を用いた表 7.7(a) を導くことができる．これより，カルノー図（省略）を介して次式が得られる．

$$S = x_1 \cdot \bar{Q} \qquad R = x_2 \cdot Q \qquad y = x_1 \cdot \bar{x}_2 + x_1 \cdot \bar{Q}$$

参考として，入力条件を $S + R = 1$ とすればどうであろうか．まず，表 7.7(b) を導いた後，カルノー図（省略）を介して次式が得られる．

$$S = \bar{x}_2 + \bar{Q} \qquad \bar{R} = x_1 + Q \qquad y = x_1 \cdot \bar{x}_2 + x_1 \cdot \bar{Q}$$

表 7.7 状態遷移表

(a) 入力条件：$S \cdot R = 0$

x_1	x_2	Q	Q^{t+1}	S	R	y
0	0	0	0	0	ϕ	0
0	0	1	1	ϕ	0	0
0	1	0	0	0	ϕ	0
0	1	1	0	0	1	0
1	0	0	1	1	0	1
1	0	1	1	ϕ	0	1
1	1	0	1	1	0	1
1	1	1	0	0	1	0

(b) 入力条件：$S + R = 1$

x_1	x_2	Q	Q^{t+1}	S	R	y
0	0	0	0	ϕ	1	0
0	0	1	1	1	ϕ	0
0	1	0	0	ϕ	1	0
0	1	1	0	0	1	0
1	0	0	1	1	0	1
1	0	1	1	1	ϕ	1
1	1	0	1	1	0	1
1	1	1	0	0	1	0

［終］

例題 7.4 直列加算器の状態遷移図および状態遷移表を示せ（全加算器を用いて，出力は加算値を，上位への桁上げは状態遷移をそれぞれ表すものとする）．

解 二つの内部状態として（・・/・・）を（加数と被加数値/桁上げと加算値），下位からの桁上げ｛なし，あり｝状態を $\{q_0, q_1\}$ のように表現する．上位への桁上げが発生する場合は，現在の状態 q_0 にて入力＝11 の時および q_1 にて入力＝01，

```
       11/10
00/00  ┌─┐       ┌─┐  01/10
01/01  │q₀│ ⇄ │q₁│  10/10
10/01  └─┘       └─┘  11/11
       00/01
```

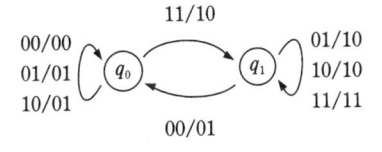

図 7.10 状態遷移図

表 7.8 状態遷移表

現在の状態 \ 入力	加数		非加数	
	00	01	10	11
q_0	q_0/00	q_0/01	q_0/01	q_1/10
q_1	q_0/01	q_1/10	q_1/10	q_1/11

10, 11 の時の 4 通りが考えられる．状態 q_1 にて入力＝00 の場合は加算値＝0+0+1（下位からの桁上げ）＝1 とした後に上位への桁上げがない q_0 へ移行する．それらの様子を図 7.10 および表 7.8 として示す． ［終］

7.1.3　3 状態以上のオートマトン

三つ以上の連続した"1"を受理する例を取り上げよう．まず，4 状態 $\{q_0 \sim q_3\}$ をもつ順序回路について考える．図 7.11，表 7.9 は，三つ以上の連続した"1"を受理する状態遷移図および状態遷移表である．ただし，状態遷移表において $q/\cdot$ とある表現はすべて現状態を基準にした「次の状態」/「現出力」を意味する．

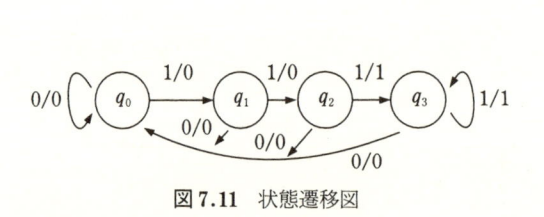

表 7.9　状態遷移表

現状態	入力 x	
	0	1
q_0	$q_0/0$	$q_1/0$
q_1	$q_0/0$	$q_2/0$
q_2	$q_0/0$	$q_3/1$
q_3	$q_0/0$	$q_3/1$

図 7.11　状態遷移図

図 7.11 の状態遷移図を 3 状態 $\{q_0 \sim q_2\}$ の遷移として表現することもできる（図 7.12，表 7.10(a)）．これは状態数が一つ少なくなっているものの動作内容は

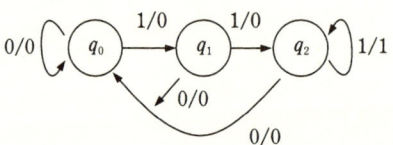

図 7.12　状態遷移図

表 7.10　状態遷移表

(a)

現状態	入力 x	
	0	1
q_0	$q_0/0$	$q_1/0$
q_1	$q_0/0$	$q_2/0$
q_2	$q_0/0$	$q_2/1$
q_3	—	—

(b)

t		$t+1$	
		$x=0$	$x=1$
Q_1	Q_2	$Q_1 Q_2/y$	$Q_1 Q_2/y$
0	0	00/0	01/0
0	1	00/0	10/0
1	0	00/0	00/1
1	1	—	—

(c)

t			$t+1$		t		
x	Q_1	Q_2	Q_1	Q_2	y	D_1	D_2
0	0	0	0	0	0	0	0
0	0	1	0	0	0	0	0
0	1	0	0	0	0	0	0
0	1	1	ϕ	ϕ	ϕ	ϕ	ϕ
1	0	0	0	1	0	0	1
1	0	1	1	0	0	1	0
1	1	0	0	0	1	0	0
1	1	1	ϕ	ϕ	ϕ	ϕ	ϕ

4状態の場合と等価である。

続いて，状態 $\{q_0 \sim q_3\}$ を 2 進数 $\{00 \sim 11\}$ のそれぞれに割り当て，その状態を具体的にフリップフロップの出力 $Q_1 Q_2$ へ対応させた表 (b) を示す。D-FF 2 個を用いた状態遷移を実現させるために，それに見合う入力 D_1 および D_2 の値を定める必要がある。状態遷移表 (b) を書き換えて表 (c) ができる (ただし，"−" 印は空集合 ϕ に置き換えてある)。

カルノー図 (省略) を介して，論理式 y，D_1，D_2 および図 7.13 を求めることができる。

$$\begin{cases} y = x \cdot Q_1 \\ D_1 = x \cdot Q_2 \\ D_2 = x \cdot \overline{Q_1} \cdot \overline{Q_2} \end{cases}$$

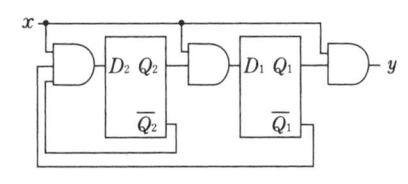

図 **7.13** 回路図

例題 7.5 図 7.14 はある状態の遷移を示しているが，これを満足する回路設計を考えよ (ただし，遅延素子は D-FF とする)。

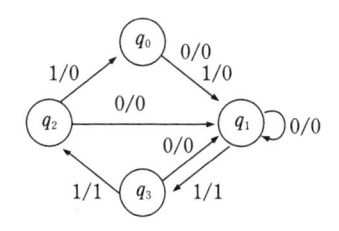

図 **7.14** 状態遷移図

解 図 7.14 に基づいて状態遷移表 7.11(a) を，状態 $\{q_0 \sim q_3\}$ を $Q_1 Q_2 = \{00 \sim 11\}$ に割り当てた表 (b) をそれぞれ次に示す。

さらに，入力 $x = \{0, 1\}$ の表現法をかえて表 (c) を得る。その結果，D_1，D_2 および y の論理式が求まり，図 7.15 を得る。

$$D_1 = x \cdot Q_2 \qquad D_2 = \bar{x} + \overline{Q_1} = \overline{x \cdot Q_1} \qquad y = x \cdot Q_2$$

表 7.11 状態遷移表

(a)

状態	入力 x: 0	1
q_0	$q_1/0$	$q_1/0$
q_1	$q_1/0$	$q_3/1$
q_2	$q_1/0$	$q_0/0$
q_3	$q_1/0$	$q_2/1$

(b)

t		$t+1$	
Q_1	Q_2	($x=0$) Q_1Q_2	($x=1$) Q_1Q_2
0	0	01/0	01/0
0	1	01/0	11/1
1	0	01/0	00/0
1	1	01/0	10/1

(c)

入力 x	t		$t+1$		出力 y	t	
	Q_1	Q_2	Q_1	Q_2		D_1	D_2
0	0	0	0	1	0	0	1
0	0	1	0	1	0	0	1
0	1	0	0	1	0	0	1
0	1	1	0	1	0	0	1
1	0	0	0	1	0	0	1
1	0	1	1	1	1	1	1
1	1	0	0	0	0	0	0
1	1	1	1	0	1	1	0

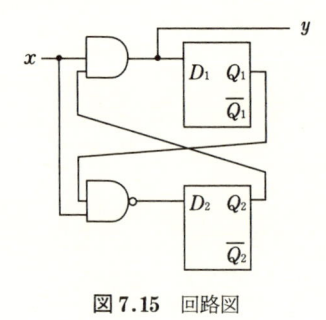

図 7.15 回路図　　　　　　　　　　　　　　　　　　　　　[終]

7.2 種々の応用例

完全な同期式順序回路の設計手順にしたがって，いろいろな角度からその応用を考えてみよう．例に示したいくつかは，回路を構成してそのまま機能させることができるが，概して理解しやすくするため，ここでは意図的にある種の拘束条件を設けている．

7.2.1 自動販売機

オートマトンに基づいて，自動販売機への応用問題を考えてみよう．10円または50円のコインを用いて40円のアンパンとおつりを出す装置を例にとる（ただし，10円コインに続いて50円コインを使用しないものとする）．

① まず，入・出力変数の定義と4状態の記憶に対する状態割当てを行う（表7.12）．すなわち，$\{x_1, x_2\} = \{10円, 50円\}$, $\{y_1, y_2\} = \{アンパン, おつり$

表 7.12 変数の数量化

(a)

状態	割当て	内容
q_0	00	0 円
q_1	01	10 円
q_2	10	20 円
q_3	11	30 円

(b)

y_1	y_2	出力動作
0	0	何もせず
0	1	――
1	0	アンパン
1	1	アンパン+10 円

10 円}，$\{q_0 \sim q_3\}=\{00 \sim 11\}$ とおく．ただし，$\{q_0 \sim q_3\}$ の割当ては一義的に決まるわけでなく，2 桁 4 状態の場合 {00, 01, 10, 11} のうちから 24($4 \times 3 \times 2 \times 1$) 通りあるいずれかとなる．以下，変数の数量化においてそれぞれ表(a)は状態割当て，表(b)は出力動作，図 7.16 はシステムの概略図である．

② 次に，状態遷移図および状態遷移表の構築を行う (図 7.17，表 7.13)．ここで，図中の・/・は入力 (x_1 または x_2)/出力 (y_1y_2) を，表 7.13 中の $q/$・は次の状態/出力 (y_1y_2) をそれぞれ意味する．x_1 が真になると状態が順に $q_0 \to \cdots \to q_3$ へ遷移した後に，q_3 から出力 y_1 を伴って初期値へ戻る．考えやすいように状態 $q_1 \sim q_3$ では x_2 が入ってこない前提であるため，表中では "－" としてある．

③ 状態遷移を {00 ～ 11} に，また表 7.13 中の "－"印をすべて空集合 "ϕ" に置き換えると表 7.14 ができる．なお，ここでは D-FF 2 個を用いるとして，特性方程式 $Q^{t+1}=D^t$ の関係から D^t が Q^{t+1} の値に等しくなることは

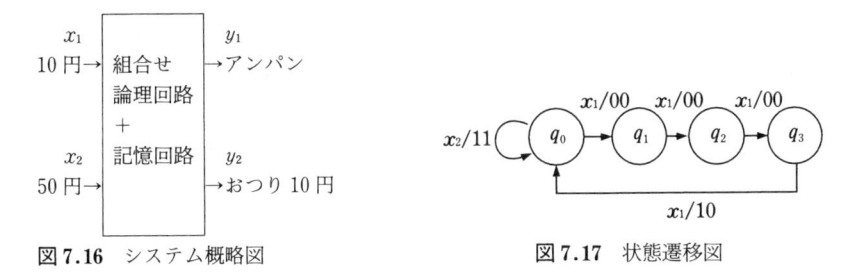

図 7.16 システム概略図

図 7.17 状態遷移図

表 7.13 状態遷移表

現在の状態	次の状態/出力	
	($x_1=1$)	($x_2=1$)
q_0	$q_1/00$	$q_0/11$
q_1	$q_2/00$	－
q_2	$q_3/00$	－
q_3	$q_0/10$	－

表 7.14 状態遷移表

入力	t		$t+1$		出力		t	
	Q_1	Q_2	Q_1	Q_2	y_1	y_2	D_1	D_2
$x_1=1$	0	0	0	1	0	0	0	1
	0	1	1	0	0	0	1	0
	1	0	1	1	0	0	1	1
	1	1	0	0	1	0	0	0
$x_2=1$	0	0	0	0	1	1	0	0
	0	1	—	—	ϕ	ϕ	ϕ	ϕ
	1	0	—	—	ϕ	ϕ	ϕ	ϕ
	1	1	—	—	ϕ	ϕ	ϕ	ϕ

いうまでもない．

④ 状態遷移表に基づいて論理式を求めると D_1, D_2, y_1, y_2 は次のようになる．ただし，適宜にカルノー図などを用いて式の簡略化を行う必要がある．ここで題意より，$x_1 \cdot x_2 = 0$ であることから $x_1 \cdot \bar{x}_2 = x_1$, $\bar{x}_1 \cdot x_2 = x_2$ となることに注意しよう（さらに，中をすべて 0 とみなして $x_1^\dagger$ を省略できる）．

$$\begin{cases} D_1 = x_1 \cdot \bar{x}_2 \cdot (Q_1 \oplus Q_2) = x_1^\dagger \cdot (Q_1 \oplus Q_2) \\ D_2 = x_1 \cdot \bar{x}_2 \cdot \bar{Q}_2 = x_1^\dagger \cdot \bar{Q}_2 \end{cases}$$

$$\begin{cases} y_1 = \bar{x}_1 \cdot x_2 + x_1 \cdot \bar{x}_2 \cdot Q_1 \cdot Q_2 = x_2 + x_1 \cdot Q_1 \cdot Q_2 \\ y_2 = \bar{x}_1 \cdot x_2 = x_2 \end{cases}$$

⑤ ④で得た論理式を回路図として表すと図 7.18 のようになる．

この例では，入力変数 x_1, x_2 は必ず排他的に起こるとしているが，$x_1 x_2 / y_1 y_2$ とした場合の状態遷移図を参考として図 7.19 に示す．

なお，ここで述べた順序回路設計において種々の変更が考えられる．たとえば，

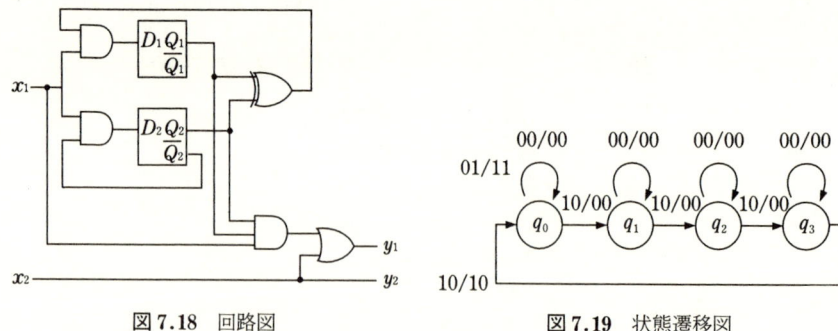

図 7.18 回路図

図 7.19 状態遷移図

(a) 状態割当てを $q_0=10$, $q_1=00$, $q_2=11$, $q_3=01$ とした場合
(b) 出力の割当てを $y_1=$アンパンのみ，$y_2=$アンパン＋お釣10円とした場合
(c) コインを入れてから途中でキャンセルした場合
(d) 10円コインに続いて50円コインを入れた場合

これらの問題(a)～(d)は，いままでに示した設計手法の類推として導くことができるため，読者自身で試みられたい．

例題7.6 100円硬貨だけを使用し，300円のビールを購入する自動販売機の論理式を求めよ．ただし，100円硬貨は1回に1個ずつ入れることができるものとし，入れ過ぎた場合や途中のキャンセルは払い戻しボタンにより一挙に行われるものとする．入力変数 $x_1=1$ は100円の挿入操作を，$x_2=1$ は払い戻し操作を，出力変数 $y_1=1$ はビールの出力を，$y_2=1$ はそれまでの入金払い戻しを行うものとして設計せよ（JK-FF を使用）．

解 表7.15に記憶状態割当て(a)，入力割当て(b)，出力割当て(c)を示す．

表7.15 変数の割当て

(a) 状態割当て表

状態	割当て	記憶
q_0	00	0円
q_1	01	100円
q_2	10	200円
q_3	—	—

(b) 入力割当て表

x_1	x_2	動作
0	0	—
0	1	払い戻しボタン
1	0	100円コイン
1	1	—

(c) 出力割当て表

y_1	y_2	動作
0	0	何もせず
0	1	払い戻し
1	0	ビール出力
1	1	—

次に，状態遷移図および状態遷移表を図7.20，表7.16に示す．ただし，図中の数値は (x_1x_2/y_1y_2) を，表(a)中のそれは（次の状態／y_1y_2）をそれぞれ意味する．その結果，J_1, K_1, J_2, K_2, y_1, y_2 の論理式は，それぞれのカルノー図（省略）を介して容易に求められ，その式に基づいた回路図（図7.21）が得られる．

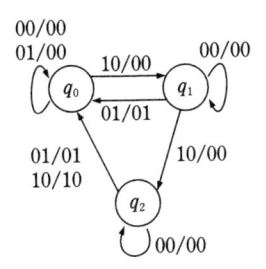

図7.20 状態遷移図

表 7.16 状態遷移表

(a)

状態＼x_1x_2	00	01	10	11
q_0	q_0/00	q_0/00	q_1/00	—
q_1	q_1/00	q_0/01	q_2/00	—
q_2	q_2/00	q_0/01	q_0/10	—
q_3	—	—	—	—

(b)

		t		$t+1$		出力		t		t	
x_1	x_2	Q_1	Q_2	Q_1	Q_2	y_1	y_2	J_1	K_1	J_2	K_2
1	0	0	0	0	1	0	0	0	φ	1	φ
1	0	0	1	1	0	0	0	1	φ	φ	1
1	0	1	0	0	0	1	0	φ	1	0	φ
1	0	1	1	φ	φ	φ	φ	φ	φ	φ	φ
0	1	0	0	0	0	0	0	0	φ	0	φ
0	1	0	1	0	0	0	1	0	φ	φ	1
0	1	1	0	0	0	0	1	φ	1	0	φ
0	1	1	1	φ	φ	φ	φ	φ	φ	φ	φ
0	0	0	0	0	0	0	0	0	φ	0	φ
0	0	0	1	0	1	0	0	0	φ	φ	0
0	0	1	0	1	0	0	0	φ	0	0	φ
0	0	1	1	1	1	0	0	φ	0	φ	0
1	1	0	0	φ	φ	φ	φ	φ	φ	φ	φ
1	1	0	1	φ	φ	φ	φ	φ	φ	φ	φ
1	1	1	0	φ	φ	φ	φ	φ	φ	φ	φ
1	1	1	1	φ	φ	φ	φ	φ	φ	φ	φ

$J_1 = x_1 \cdot Q_2$ $K_1 = 1$

$J_2 = x_1 \cdot \overline{Q_1}$ $K_2 = 1$

$y_1 = x_1 \cdot Q_1$ $y_2 = x_2 \cdot (Q_1 + Q_2)$

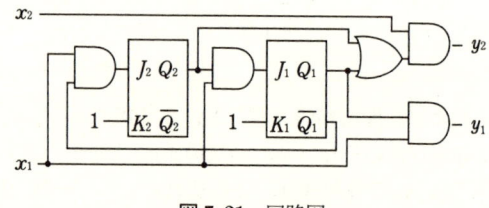

図 7.21 回路図   [終]

7.2.2　時系列信号

特定の2進数の時系列信号を受理する遅延素子を用いた概念を考える．図 7.22 は，それぞれ時系列信号の"10"を受理する回路図(a)，および，"01"を受理する図(b)であり，D は初期値が 0 である 1 クロックの遅延素子である．図(a)において，最初の入力"1"はまず D に記憶され，AND 出力は"0"のままである．続けて"0"がくると，その NOT 出力"1"と記憶し

7.2 種々の応用例　145

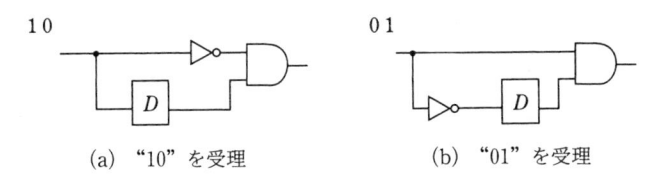

(a) "10" を受理　　　(b) "01" を受理

図 7.22　遅延回路

てあった D 出力 "1" との AND が真となり，時系列信号 "10" を受理することになる．また，図 (b) において，最初の入力 0 はまず反転して D に記憶される．続けて "1" がくると，記憶してあった D 出力との AND が真となり，時系列信号 "01" を受理することになる．なお，"10" と "01" の双方を受理する場合はこれら二つの回路を OR 素子で結べばよいことになる．

次に，時系列信号 x の中に "010" を検出すると "1" を出力する順序回路を考える．たとえば，入力 x="001010110010" とすれば出力 y="000101000001" となる（ただし，初期状態 $=q_0$，JK-FF を 2 個とする）．同期回路の設計手順を適用させると，図 7.23，表 7.17 が得られる．ここでは，状態割当てを $q_0 \sim q_2=00 \sim 10$ として $q_3=11$ を空集合扱いとしている．

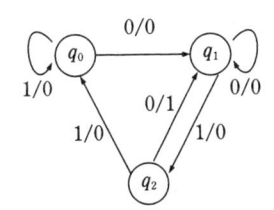

図 7.23　状態遷移図

表 7.17　状態遷移表

(a)

現状態	入力 x	
	0	1
q_0	$q_1/0$	$q_0/0$
q_1	$q_1/0$	$q_2/0$
q_2	$q_1/1$	$q_0/0$
q_3	—	—

(b)

	t		$t+1$		出力				
x	Q_1	Q_2	Q_1	Q_2	y	J_1	K_1	J_2	K_2
0	0	0	0	1	0	0	ϕ	1	ϕ
0	0	1	0	1	0	0	ϕ	ϕ	0
0	1	0	0	1	1	ϕ	1	1	ϕ
0	1	1	ϕ	ϕ	ϕ	ϕ	ϕ	ϕ	ϕ
1	0	0	0	0	0	0	ϕ	0	ϕ
1	0	1	1	0	0	1	ϕ	ϕ	1
1	1	0	0	0	0	ϕ	1	0	ϕ
1	1	1	ϕ	ϕ	ϕ	ϕ	ϕ	ϕ	ϕ

結果として，得られた論理式および図 7.24 を以下に示す．

$$y = \bar{x} \cdot Q_1 \quad J_1 = x \cdot Q_2 \quad K_1 = 1 \quad J_2 = \bar{x} \quad K_2 = x$$

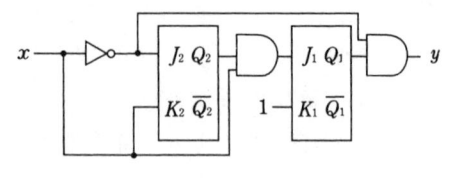

図 7.24 回路図

例題 7.7 図 7.23 において，一回の検出に使用した最後の 0 信号は，後続する "010" 信号の最初の "0" として併用しないとすればどうなるか．

解 たとえば，入力 x="001010110010" の時，出力 y="000100000001" である．状態遷移図および状態遷移表をそれぞれ図 7.25，表 7.18 に示す．

結果として，得られた論理式および回路図を示す (図 7.26)．

$$y = \bar{x} \cdot Q_1 \quad J_1 = x \cdot Q_2 \quad K_1 = 1 \quad J_2 = \bar{x} \cdot \bar{Q_1} \quad K_2 = x$$

表 7.18 状態遷移表

(a)

現状態	入力 x 0	1
q_0	$q_1/0$	$q_0/0$
q_1	$q_1/0$	$q_2/0$
q_2	$q_0/1$	$q_0/0$
q_3	—	—

(b)

x	t Q_1	Q_2	$t+1$ Q_1	Q_2	y	J_1	K_1	J_2	K_2
0	0	0	0	1	0	0	ϕ	1	ϕ
0	0	1	0	1	0	0	ϕ	ϕ	0
0	1	0	0	0	1	ϕ	1	0	ϕ
0	1	1	ϕ	ϕ	ϕ	ϕ	ϕ	ϕ	ϕ
1	0	0	0	0	0	0	ϕ	0	ϕ
1	0	1	1	0	0	1	ϕ	ϕ	1
1	1	0	0	0	0	ϕ	1	0	ϕ
1	1	1	ϕ	ϕ	ϕ	ϕ	ϕ	ϕ	ϕ

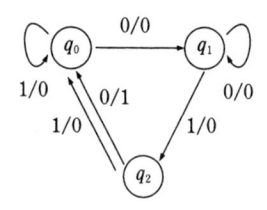

図 7.25 状態遷移図

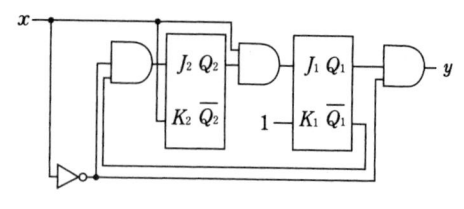

図 7.26 回路図

[終]

7.3 その他

フリップフロップの記憶を利用したレジスタ回路および，直並列変換回路をそれぞれ以下に述べる．

7.3.1 レジスタ/直並列変換/並直列変換

（1）**レジスタ** まず，「レジスタ」(register) について知るためには，回路構成から直接判断した方が理解しやすいとの前提で述べる．任意の信号を一時的に蓄えるレジスタがあり，種類によっては蓄えた信号を左右へ桁移動させる「シフトレジスタ」がある．したがって，(1) データの内容を一時的に記憶させる，(2) 時系列データの直 → 並列変換や並 → 直列変換へ応用させる，(3) データ内容の遅延へ適用させるなどの機能が考えられる．図 7.27 に示す 3 ビットのレジスタは，書込み/読出し許可の制御線と共に，クロックパルス C に同期させて並列的にデータを保存したり取り出したりすることができる（$x_{1~3}$：入力データ，$y_{1~3}$：出力データ）．

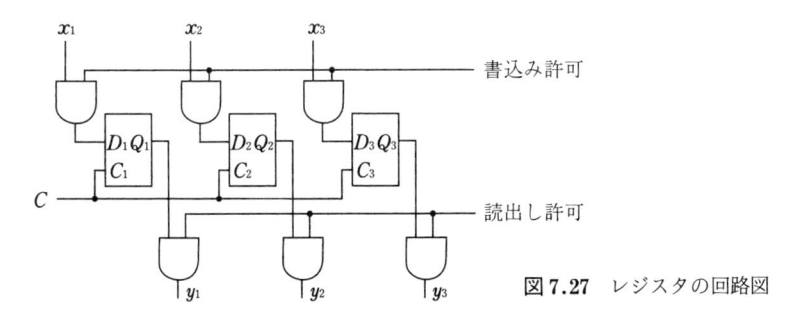

図 7.27 レジスタの回路図

レジスタを用いた直→並列変換および並→直列変換の仕組み（3 ビットの例）は，それぞれ(2)，(3)を参照されたい．ただし，x_i/y_i, D_i はそれぞれ入力/出力，遅延素子である．

（2）**直→並列変換** (serial parallel conversion) この例では，3 個のパルス "011" で逐次に送られたビット列を記憶した後に，読出しパルスより並列に取り出すことができる．それらの様子を図 7.28(a)～(c) にそれぞれ示す．クロックパルス C が入るたびに直列信号がつぎつぎに次段へ伝達され，直列から並列への変換として機能することがわかる．

148   7章　順序回路—III

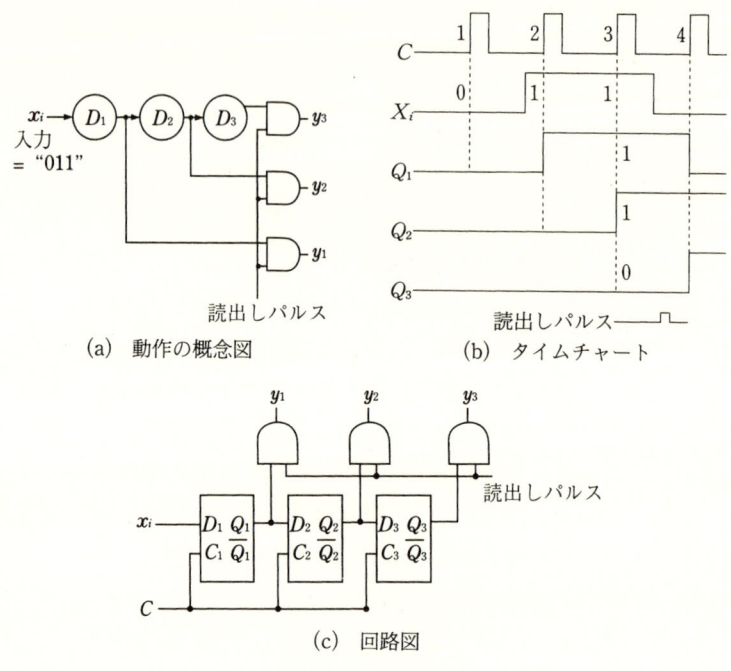

(a) 動作の概念図　　入力 = "011"

(b) タイムチャート　　読出しパルス

(c) 回路図

図 7.28　直→並列変換

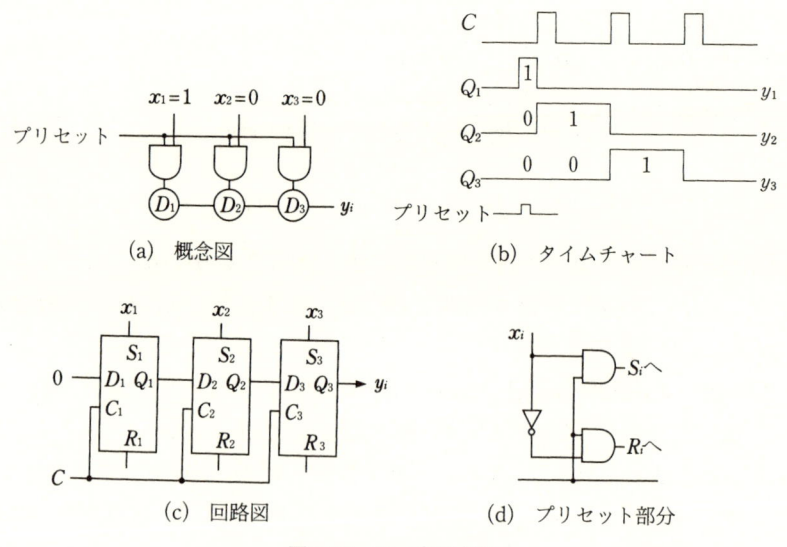

(a) 概念図

(b) タイムチャート　　プリセット

(c) 回路図

(d) プリセット部分

図 7.29　並→直列変換

(**3**) **並→直列変換**(parallel serial conversion)　　直→並列変換の場合とフリップフロップの数が同じであり，類似した部分も多い．初期値はプリセット(セット/リセット端子のいずれか)を起動させて任意の値(この例では"001")を記憶した後，クロックパルス C に同期させて逐次的に出力する．それらの様子を図7.29(a)〜(c)にそれぞれ示す．なお，セット/プリセットの部分図を図(d)に示す．

付　録

A.1　用語の説明

ここでは，本書で用いた用語や記述の中から，さらに説明の必要があると思われる一部を付録として補足する．

● エッジトリガ

エッジトリガ (edge trigger) とはフリップフロップに付随したクロックパルスを受理するさいの信号変化の捕え方を指す．この型のフリップフロップは，クロックパルスの立上り (または立下り) の瞬時に入力が反応して出力動作を喚起するフリップフロップである．ダイナミック・インプット (dynamic input) の呼び名があり，ポジティブ/ネガティブエッジトリガの両者に分かれる (図 A.1)．一方，入力がレベル 0 かレベル 1 のいずれかで反応する 2 段式のフリップフロップがマスタースレーブ型とよばれる．

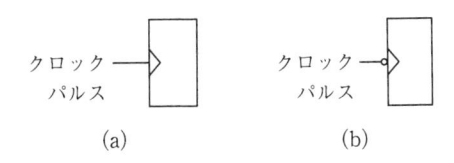

図 A.1　エッジトリガ型フリップフロップの入力部

● 正論理/負論理

まず，NOT 機能の動作を例にあげて説明すると，素子が入力＝0 を期待して出力動作させるか，入力＝1 を期待して出力動作させるかの違いとなる．たとえば図 A.2 に示す等号の左右両者とも同じ出力となり等価な回路であるが，左辺は破線箱から見れば正論理入力として，右辺は負論理入力として扱われる．

なお，論理の {真，偽} を {0，1} で表現するさいに素子の「真」を電圧値 5 V，「偽」を 0 V にとれば正論理，「真」を 0 V，「偽」を 5 V にとれば負論理

(a)   (b)

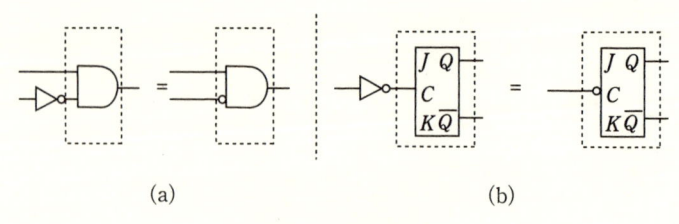

図 A.2　正負論理

表 A.1　真理値表

(a)			(b)		
A	B	C	A	B	C
0	0	0	1	1	1
0	1	1	1	0	0
1	0	1	0	1	0
1	1	1	0	0	0

として扱われる．なお，論理式の観点から考えると，2入力 A，B および1出力 C の関係が真理値表(a)に従う演算であるとする．これは，OR の機能 $C=A+B$ である．そこで，これらの0と1をすべて交換してみると表(b)となり AND の機能をもつようになる．すなわち，$C=A+B$ のすべてを反転すると $\overline{C}=\overline{A}+\overline{B}=\overline{A\cdot B} \to C=A\cdot B$ となる．逆に，AND の機能 $C=A\cdot B$ のすべてを反転すると $\overline{C}=\overline{A}\cdot\overline{B}=\overline{A+B} \to C=A+B$ となる．これは，$C=1$ となる A，B の値に注目するか，または $C=0$ に注目するかの違いであるといえる．

● チューリングマシン

コンピュータが世に出現する以前，チューリングマシン(turing machine)とよばれる仮想の順序機械が考えられた．図 A.3(a) に示すように，一本の

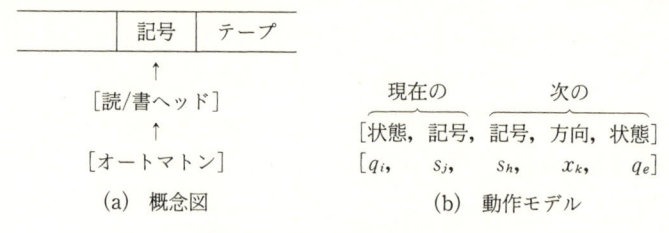

(a) 概念図   (b) 動作モデル

現在の [状態, 記号]　次の [記号, 方向, 状態]
[q_i, s_j,　　　s_h, x_k, q_e]

図 A.3　チューリングマシン

テープと一個の読取り/書込みヘッドとを有する機械が，単純な読み書き動作の繰り返しによって計算できることを概念的に示したものである．これは，機械的な動作の状態遷移をいかに行えばよいかについて論理的に示した算法である．まず，現在から次への状態遷移を五つの変数で表記するモデルを考える．各変数の意味は図 (b) に示す通りであり，q_i の状態で文字 s_j を読んだ時，内部状態を q_e に，また記号 s_j を s_h に書き換えて位置を x_k の方向に移動すると考える．

時系列データの入力において，奇数か偶数かを判断するモデルの例を示す．チューリングマシンの状態遷移図 A.4(a) とその動作例の図 (b)，および状態遷移表 A.2 を示す．これは，入力系列の 1 の数が偶数であれば系列の最後に 0

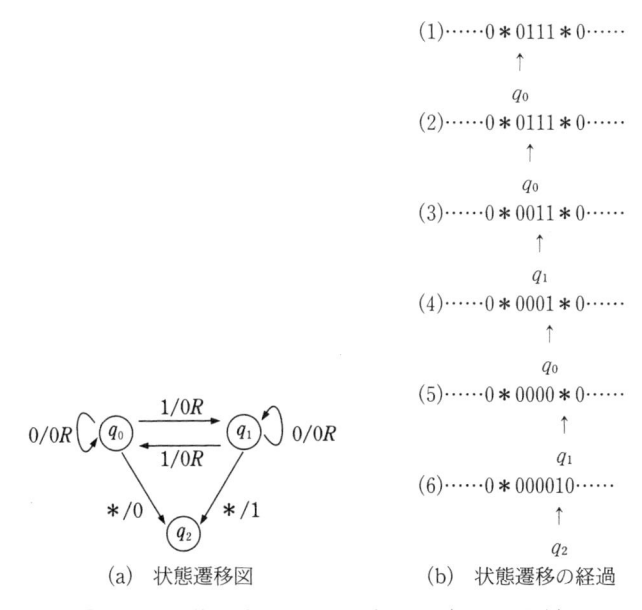

$$
\begin{aligned}
&(1) \cdots\cdots 0*0111*0\cdots\cdots \\
&\qquad\qquad\quad \uparrow \\
&\qquad\qquad\quad q_0 \\
&(2) \cdots\cdots 0*0111*0\cdots\cdots \\
&\qquad\qquad\quad\ \uparrow \\
&\qquad\qquad\quad\ q_0 \\
&(3) \cdots\cdots 0*0011*0\cdots\cdots \\
&\qquad\qquad\quad\ \ \uparrow \\
&\qquad\qquad\quad\ \ q_1 \\
&(4) \cdots\cdots 0*0001*0\cdots\cdots \\
&\qquad\qquad\quad\ \ \ \uparrow \\
&\qquad\qquad\quad\ \ \ q_0 \\
&(5) \cdots\cdots 0*0000*0\cdots\cdots \\
&\qquad\qquad\quad\ \ \ \ \uparrow \\
&\qquad\qquad\quad\ \ \ \ q_1 \\
&(6) \cdots\cdots 0*000010\cdots\cdots \\
&\qquad\qquad\quad\ \ \ \ \ \uparrow \\
&\qquad\qquad\quad\ \ \ \ \ q_2 \\
\end{aligned}
$$

(a) 状態遷移図　　　　(b) 状態遷移の経過

図 A.4 奇/偶判定チューリングマシン（R は右方向）

表 A.2 状態遷移表

記号＼状態	s_j		
	1	0	*
q_0	$0Rq_1$	$0Rq_0$	$0q_2$
q_1	$0Rq_0$	$0Rq_1$	$1q_2$
q_2	—	—	—

を，奇数であれば1を書き込むモデルである．ここで，q_0とq_2はそれぞれ初期状態と停止状態であり，扱える記号を3種類$\{0, 1, *\}$とした（$*$は0，1以外の記号とする）．なお，入力系列がマシンに受理される（q_0から出発した後にq_2へたどり着く）か受理されないかは，現状態とそれ以前にある有限長の入力系列によって決まる．

● プログラマブル・ロジックアレイ

PLA (programmable logic array) といわれる集積回路であり，内部の論理素子を組み合わせて要望する回路構成を作ることができる．その組合せを行と列状に配置した格子上で結線させることからロジックアレイと名付けられた．任意の論理回路における NOT 機能は不可欠であるが，トランジスタの入出力特性やワイヤード OR 特性を利用して必然的に付加させることができる．入力x_i，出力y，制御c_iとすれば，それらの関係は以下の式で表すことができる．

$$y = c_1 \cdot x_1 + c_2 \cdot x_2 + \cdots + c_i \cdot x_i + \cdots$$

すなわち，論理積と論理和の構成が基本回路として必要とされ，内部に AND-OR 回路（AND アレイと OR アレイ）を格子状に配置して，適宜に格子の交点を外部から結線または断線する操作により要望する出力を得ることができる．

● 有限オートマトン

ある有限個の状態と状態遷移の規則を扱う摸式的な状態機械のことを「有限オートマトン」(finite automaton) といい，出力系列は考えずに最終状態において受理されたかだけかを問題とする．また，有限オートマトンは{状態の集合，入力記号の集合，出力記号の集合，状態遷移関数，出力関数}によって定義される．ここで，状態遷移関数とは現入力の下で次に遷移する状態を決める関数であり，出力関数は現入力と状態から出力を決める関数である（Mealy 型と Moore 型がある）．一方，「順序機械」とは，組合せ回路と遅延素子をもったシステムであり，有限オートマトンは順序機械に属する．また，順序機械のハードウェア機構が順序回路であり，同期式と非同期式とに分かれる．換言すると，有限オートマトンを遅延を含んだ論理回路というハードウェアで実装したものが順序回路であり，ソフトウェアで実装するとある記号系列が生成文法に従って生じたかを調べるシステムとなる．

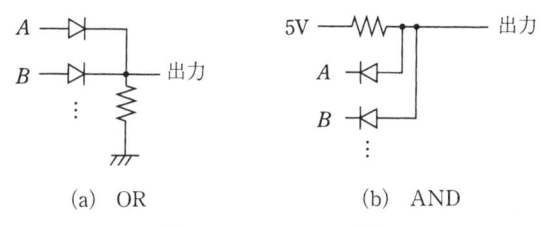

● ワイヤード OR

ワイヤード OR（wired OR）を直訳すると，「配線で結ばれた OR」となるであろう．考え方としては，図 A.5 におけるダイオード回路の入力の一つでも "high" レベル（5 V）になると出力も 5 V になることから一種の OR 機能をもつといえる．一方，図 (b) において，$A, B, \cdots$ がすべて "high" レベルの時に出力＝"5 V" となり，一つでも "low" があると出力＝"0 V" となる．したがって，AND と同じ機能を受動素子のみで作れることになる．この意味ではワイヤード AND としてもよいが，5 V を「真」とみるか「偽」とみるかの違いであり，受動素子を結線した機能部分を総称してワイヤード OR という．

(a) OR　　　　　　　　(b) AND

図 A.5　ワイヤード OR

● ファンアウト

ファンアウト（fan-out）とは，ある素子の出力がそれに続く次段の入力の個数をどの程度許容し得るか定量的に表した概念である．換言すると，出力 1 個から次段の入力を何個接続できるか相対的に数値化したものである．また，逆の立場でファンイン（fan-in）を定義することができる．TTL 素子では，図 A.6 のように次段の入力側からの電流を引き込むために物理的な制限が必要となり，一般に，$I_{OL} \div I_{IL}$ または，$I_{OH} \div I_{IH}$ 値の小さい方を採用する．ただし，電流 I_O および I_I はそれぞれ出力と入力電流を意味し，I_L および I_H はそれぞれ電流の "low" と "high" を意味する．ここで，規格表から得られる値の定

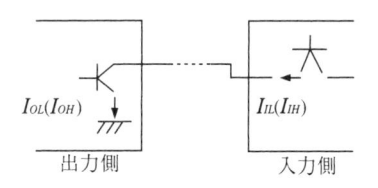

図 A.6　ファンアウト

義として次のようにいえる(TTLの場合).

$I_{IH\,max}$：入力が H レベルの時，入力に流れ込む電流の最大値 （40μA）
$I_{IL\,max}$：入力が L レベルの時，入力から流れ出す電流の最大値 （−1.6mA）
$I_{OH\,max}$：出力を H レベルに保証し得る出力電流の最大値 （−0.4mA）
$I_{OL\,max}$：出力を L レベルに保証し得る出力電流の最大値 （16mA）
$|I_{OH}/I_{IH}|=|-0.4\times 10^{-3}/40\times 10^{-6}|=10$　　$|I_{OL}/I_{IL}|=|16\times 10^{-3}/-1.6\times 10^{-3}|=10$
$V_{IH\,min}$：H レベルとしての入力電圧の最小値 （2.0V）
$V_{IL\,max}$：L レベルとしての入力電圧の最大値 （0.8V）
$V_{OH\,min}$：H レベルとしての出力電圧の最小値 （2.4V）
$V_{OL\,max}$：L レベルとしての出力電圧の最大値 （0.4V）

TTL(SN74〜)について同じ素子どうしを接続したときの電圧値のノイズマージンは，H, L レベルそれぞれで値が求まって次のようになる．

$(V_{OH\,min}-V_{IH\,min})=2.4-2.0=0.4\,[\text{V}]$　　$(V_{IL\,max}-V_{OL\,max})=0.8-0.4=0.4\,[\text{V}]$

● 不確定性論理

この用語自体はあまり一般的でないが，論理演算の基本として意味がある．論理値として{True(真), False(偽), Unknown(不定)}の3値をとる不確定さを含んだ論理を指し，ファジー論理(fuzzy logic)ともいわれる．たとえば，命題 AB 間の不確定性論理は表 A.3 のようになる．

表A.3　3値論理の例

A	B	$A \cdot B$	$A+B$	$A \oplus B$
T	T	T	T	F
T	F	F	T	T
F	T	F	T	T
F	F	F	F	F
U	T	U	T	U
U	F	F	U	U
T	U	U	T	U
F	U	F	U	U

● マルコフ情報源

情報理論における「マルコフ情報源」について，順序回路との関連した一部分を抜粋する．マルコフ(Markov)情報源は，過去の経過状況から次の状態

が決定されるような情報源をいう．すなわち，記憶をもった情報源を指すことになり，論理回路でいう状態遷移図に相当する．ただし，状態が確率に従った推移をする点や，推移に入出力を伴っていない点で順序回路モデルとは異なる．たとえば，次に示すマルコフ情報の状態遷移図 A.7 において，$P_{(q_i)}$ を状態 q_i の定常確率とすれば，$i=0, 1$ における定常確率が求まる．すなわち，以下のような連立方程式を立てて解けばよい．なお，この例は一つ前の過去のみに依存した「単純マルコフ情報源」といわれるが，これらの詳細については「情報理論」に関する本を参考にされたい．

$$\begin{cases} 0.7 P_{(q_0)} + 0.4 P_{(q_1)} = P_{(q_0)} \\ 0.3 P_{(q_0)} + 0.6 P_{(q_1)} = P_{(q_1)} \\ P_{(q_0)} + P_{(q_1)} = 1 \end{cases}$$

∴ $P_{(q_0)} = 4/7, \quad P_{(q_1)} = 3/7$

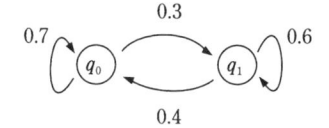

図 **A.7** 確率に従う状態遷移図

参考文献

1. 雨宮好文：ディジタル回路の考え方，昭晃堂，1973
2. 上原貴夫・伊吹公夫：論理回路，森北出版，1997
3. 宇田川かね久：論理数学とディジタル回路，朝倉書店，1964
4. 内山明彦・平澤茂一：理工系のための計算機工学，昭晃堂，1992
5. 大須賀節雄・近谷英昭：ハードウェアの基礎知識，オーム社，1985
6. 岡村迪夫：解析・ディジタル回路，CQ出版，1976
7. 川又晃，他：ディジタル回路，オーム社，1963
8. 岸征七・川又晃：ディジタル電子回路，昭晃堂，1991
9. 熊谷勝彦：コンピュータ基礎講座，コロナ社，1996
10. 小暮仁：コンピュータの基礎，産業図書，1995
11. 柴山潔：論理回路とその設計，近代科学社，1999
12. 島田良策，他：わかる情報理論，日新出版，1990
13. 曽小川久和：電子計算機，コロナ社，1985
14. 高木直史：論理回路，昭晃堂，1997
15. 長尾真・淵一博：論理と意味，岩波書店，1983
16. 新保利和・松尾守之：電子計算機概論，森北出版，1987
17. 萩原宏・黒住祥祐：現代電子計算機，オーム社，1984
18. 萩原将文：ニューロ・ファジー・遺伝的アルゴリズム，産業図書，1994
19. 橋本順次：論理回路入門，日刊工業新聞，1968
20. 浜辺隆二：論理回路入門，森北出版，1995
21. 原田豊：論理回路と計算機ハードウェア，丸善，1998
22. 本多波雄：オートマトン・言語理論，コロナ社，1974
23. 宮田武雄：速解論理回路，コロナ社，1989
24. 室賀三郎・笹尾勤：論理設計とスイッチング理論，共立出版，1981
25. 山田輝彦：論理回路理論，森北出版，1990
26. Dan I. Porat, Arpad Barna : "Introduction to Digital Techniques" John Wiley & Sons, 1987
27. K.L.P. Mishra, N. Chandrasekaran : "Theory of Computer Science : Automata, Languagesand Computer" Prentice-Hall of India, 1999
28. Taylor L. Booth : "Digital Networks and Computer Systems" John Wiley & Sons, 1978

索　引

あ　行
アップ／ダウンカウンタ　110
アンダーフロー　10
枝　24
エッジトリガ　150
エッジトリガ型フリップフロップ　91
エンコーダ　72
オートマトン　131
オーバーフロー　10

か　行
可逆カウンタ　101
加　算　7
貸　し　36
借　り　36
カルノー図　51
木　23
記号論理　26
基　数　4
奇数パリティ　23
吸収則　31
禁止入力　77
空集合　16
偶数パリティ　23
グラフ　23
グループ化　52
グレイカウンタ　111
グレイ符号　14
クロックパルス　87
クワイン・マクラスキー　68
結合則　31
減　算　7
固定小数点方式　11

さ　行
最小項　41
最大項　52
算術演算　7
時系列信号　144
自己双対関数　30
自然 2 進符号　15
自動機械　131
自動販売機　140
シフトパルス　108
シャノンの展開定理　40
終端節点　24
主項表　69
主乗法標準形　42
順序回路　97
準同期式カウンタ　102
乗　算　8
乗・除算演算　12
小数変換　5
状態遷移図　97
状態遷移表　76, 117
状態割当て　135
除　算　8
ジョンソンカウンタ　116
進数変換　2
スイッチ回路　19
正論理入力　89
正論理（付録）　150
積集合　16
セット　88
セット優先 SR-FF　83
全加算器　35
全減算器　37
双対性　28
相補則　30

た行

ダイナミック・インプット（付録）　150
タイムチャート　82
足し戻し法　12
多進数　1
多数決回路　65
多値論理　2
遅延回路　108
チューリングマシン　131
チューリングマシン（付録）　151
直 → 並列変換　147
デコーダ　71
デ・マルチプレクサ　75
同期式カウンタ　102
動作方程式　109
特性方程式　77
トグルフリップフロップ　91
ド・モルガンの定理　25
ドントケア　64

な行

二進数　1

は行

排他的論理和　18
ハザード　104
ハミング距離　14
ハミング距離　52
半加算器　35
半減算器　36
引き離し法　13
非自己双対関数　30
非終端節点　24
否定　17
非同期式カウンタ　97
被覆　16
ファジー論理（付録）　155
ファンアウト　49
ファンアウト（付録）　154
ファンイン　49

不確定性論理（付録）　155

不定入力　77
プライオリティ・エンコーダ　73
ブリッジ回路　22
フリップフロップ　76
ブール代数　30
プログラマブル・ロジックアレイ　48
負論理入力　89
負論理（付録）　150
分配則　31
並 → 直列変換　149
ベキ集合　16
ベキ等則　31
ベン図　51
含意演算　19
補集合　16
補数演算　9

ま行

マスタースレーブ型 JK-FF　89
マスタースレーブ型 SR-FF　85
マルコフ情報源　132
マルコフ情報源（付録）　155
マルチプレクサ　74
ミーリー型　132
ムーア型　132
無限小数　6
命題　1

や行

有限オートマトン（付録）　153
抑止演算　19

ら行

ラベル　24
ラベル付有向グラフ　132
リセット　88
リップルカウンタ　97
リテラル　24
リングカウンタ　115
レジスタ　147

ロジックアナライザ　82
論理　1
論理積　17
論理和　17

わ 行

ワイヤードOR（付録）　154
和集合　16

英数先頭

2進化10進符号　14
10進法　1

AND　17
AND-OR回路　48
AND-OR回路（付録）　153
BCD　14
D-FF　93
ENOR　18
EOR　18
JK-FF　87
LSB　15

MIL-STD　16
MSB　14
NAND　18
NOR　18
NOT　17
OR　17
Pierce's operator　30
PLA（付録）　153
Sheffer's stroke　30
SR-FF　77
T-FF　91

著　者　略　歴
富川　武彦（とみかわ・たけひこ）
　1945 年　山梨県に生まれる
　1982 年　静岡大学大学院修了
　1986 年　幾徳工業大学助教授
　1993 年　神奈川工科大学教授
　2015 年　神奈川工科大学名誉教授
　　　　　現在に至る
　　　　　工学博士

例題で学ぶ　論理回路設計　　　　　　　　　© 富川武彦 2001
2001 年 9 月 26 日　第 1 版第 1 刷発行　　【本書の無断転載を禁ず】
2019 年 3 月 8 日　第 1 版第 7 刷発行

著　　者　富川武彦
発行者　森北博巳
発行所　森北出版株式会社
　　　　東京都千代田区富士見 1-4-11（〒102-0071）
　　　　電話 03-3265-8341／FAX 03-3264-8709
　　　　https://www.morikita.co.jp/
　　　　日本書籍出版協会・自然科学書協会　会員
　　　　JCOPY <(一社)出版者著作権管理機構 委託出版物>

落丁・乱丁本はお取替えいたします　　印刷／モリモト印刷・製本／協栄製本

Printed in Japan／ISBN 978-4-627-82701-1